海绵城市建设研究与实践丛书

海绵城市
水文响应机理研究

潘兴瑶 杨默远 于磊 卢亚静 著

中国水利水电出版社
www.waterpub.com.cn
·北京·

内 容 提 要

　　本书是《海绵城市建设研究与实践丛书》之一,主要介绍海绵城市水文响应机理的相关研究成果,主要内容包括:概述、海绵城市水循环过程分析、典型海绵设施水循环过程实验及其水文效应、绿色屋顶的降雨径流与蒸散发规律、城市面源污染规律与海绵设施消减能力评估、海绵城市多尺度监测与评价技术研究、合流制排水分区海绵城市多层级调控效果定量评估、多尺度海绵城市降雨径流模型构建与应用。

　　本书内容翔实,图文并茂,可为广大海绵城市建设从业人员提供有效参考。

图书在版编目（ＣＩＰ）数据

　　海绵城市水文响应机理研究 / 潘兴瑶等著. -- 北京:
中国水利水电出版社, 2022.6
　　(海绵城市建设研究与实践丛书)
　　ISBN 978-7-5226-0767-2

　　Ⅰ. ①海… Ⅱ. ①潘… Ⅲ. ①城市—水文学—研究
Ⅳ. ①P33

　　中国版本图书馆CIP数据核字(2022)第101529号

书　　　名	海绵城市建设研究与实践丛书 **海绵城市水文响应机理研究** HAIMIAN CHENGSHI SHUIWEN XIANGYING JILI YANJIU	
作　　　者	潘兴瑶　杨默远　于　磊　卢亚静　著	
出版发行	中国水利水电出版社 (北京市海淀区玉渊潭南路1号D座　100038) 网址:www. waterpub. com. cn E - mail:sales@mwr. gov. cn 电话:(010) 68545888 (营销中心)	
经　　　售	北京科水图书销售有限公司 电话:(010) 68545874、63202643 全国各地新华书店和相关出版物销售网点	
排　　　版	中国水利水电出版社微机排版中心	
印　　　刷	天津嘉恒印务有限公司	
规　　　格	184mm×260mm　16开本　11.75印张　251千字	
版　　　次	2022年6月第1版　2022年6月第1次印刷	
印　　　数	0001—1200册	
定　　　价	**78.00元**	

前言

  海绵城市建设的本质是城市水系统的重构,因此明晰海绵城市系统所涉及的水循环过程是海绵城市研究中最根本、最重要的问题。掌握海绵城市建设区域的水文循环机理是开展后续水质及生态响应机理研究的基础,也是模型构建、效应评估和海绵城市设计规划研究的基础。

  海绵城市建设涉及许多具体小单元(透水铺装、生物滞留设施、绿色屋顶等),以往适用于自然流域的大尺度水文过程模型的应用受到较大限制,需要发展小尺度或微观尺度的降雨—径流模型。受城市水文监测难度大、模拟分析精细化要求高的影响,要科学揭示海绵城市建设水文效应,需加强小尺度或微观尺度水系统实验与机理研究,并以此为基础,发展针对各项海绵措施的关键水文水质过程模拟技术,为评估优化提供模型支撑。

  本书系统总结了"十三五"水专项京津冀板块"北京城市副中心高品质水生态建设综合示范"中"北京市海绵城市建设关键技术与管理机制研究和示范"课题(2017ZX07103-002)的部分研究成果。以海绵城市建设区为研究对象,基于大量的典型海绵设施实验、多尺度高精度监测和模拟分析,定义了海绵城市系统的内涵,明确了海绵城市系统的输入项与输出项,系统研究了海绵城市建设区域的城市水循环过程,得出了诸多有益的结论。期待本书能为海绵城市建设的基础理论研究与工程实践提供启发和帮助。

作者

2022 年 4 月

目录

第 1 章

概　　述

1.1　研究背景

为了应对高度城市化带来的一系列水资源、水安全、水生态等城市水问题，习近平总书记于 2013 年提出建设"海绵城市"的要求。北京市目前的城镇化率接近 90％，作为我国的政治中心、经济中心和文化中心，北京已进入提升城市品质的新型城镇化发展阶段。2016 年 4 月北京入选海绵城市第二批试点城市，试点区位于城市副中心。得益于政府的持续投入与学界的广泛关注，北京城市副中心海绵城市建设将会成为下一阶段北京城市规划建设与水务发展的重点内容。中共中央政治局会议强调，要坚持世界眼光、国际标准、中国特色、高点定位，以创造历史、追求艺术的精神，规划、设计、建设北京城市副中心。

海绵城市是指城市能够像海绵一样，在适应环境变化和应对自然灾害等方面具有良好的"弹性"，下雨时吸水、蓄水、渗水、净水，需要时将蓄存的水"释放"并加以利用，是新时期生态文明建设的重要内容。北京作为我国高质量发展的首善之区，在城市雨水径流污染治理领域开展了长期的研究与实践工作。自 20 世纪 90 年代开始，由于缺水形势严峻，北京在全国首次提出了城市雨洪利用的概念。随后通过一系列支撑项目，不断完善了城市雨洪控制理念，初步构建了北京城市雨洪控制与利用技术体系。

虽然我国正式提出了海绵城市的理念，但是仍存在海绵城市的水文要素监测数据缺乏、海绵城市建设区水循环机理认识不足、单纯源头控制措施不足以支撑海绵城市建设目标、海绵城市建设多目标间相互制约、缺少海绵城市运行维护管理经验等短板。围绕北京城市副中心海绵城市建设与管理中的突出问题，亟须从水循环系统的角度开展研究，按照监测分析—模拟评估—技术研发—方案优化—示范推广的研究思路，研发和突破一批北京海绵城市建设的关键技术。

基于城市水循环的复杂性，需要从水循环的角度出发建立城市水循环理论体系，通过精细化的监测实验量化海绵城市建设的城市水文过程响应特征，从而构建海绵城市监测与评价技术体系，支撑海绵城市建设由重源头向全过程系统调控转变。海绵城市各环节的水文特征和响应需采用数学和物理相结合的方法，构建水文水力学模型，进行海绵城市水文与环境效应的精确分析和评估，突破海绵城市监测评估由综合分析向多尺度精细化转变，支撑实现海绵城市管控由试点带动向常态化建设转变。水文水力学模型是探索和认识水循环和水文过程的重要手段，也是解决水文预报、水资源规划与管理、水文分析与计算等实际问题的有效工具，还是保障海绵城市建设科学性的支撑技术。住房与城乡建设部颁发的《海绵城市建设技术指南——低影响开发雨水系统构建（试行）》（简称《指南》）指出，有条件的控制性详细规划也可通过水文计算与模型模拟，优化并明确地块的低影响开发控制指标。

海绵城市建设涉及许多具体小单元（透水铺装、生物滞留设施、绿色屋顶等），一般通过小尺度和微观尺度单元进行模拟计算，导致以往适用于自然流域的大尺度水文过程模型的应用受到较大限制，因此需要发展小尺度或微观尺度的降雨—径流模型。受城市水文监测难度大、模拟分析精细化要求高的影响，要科学揭示海绵城市建设水文效应，就必须更加细致深入地研究微观水循环过程。因此，要加强小尺度或微观尺度水系实验与机理研究，并以此为基础，发展针对各项海绵措施的关键水文水质过程模拟技术，为海绵城市评估优化提供模型支撑。

本书是"十三五"水专项京津冀板块"北京城市副中心高品质水生态建设综合示范"中"北京市海绵城市建设关键技术与管理机制研究和示范"课题（2017ZX07103 - 002）的研究任务。课题围绕北京城市副中心海绵城市建设区，从机理分析、技术研发、方案比选、机制完善、示范建设等角度研究海绵城市建设问题，相关成果能够为北京以及华北地区海绵城市建设实践提供支撑。

1.2 北京市海绵城市建设经验及其关键问题

1.2.1 北京市海绵城市建设经验

20 世纪 90 年代初，由于缺水形势严峻，北京市提出了城市雨洪利用的概念，成为我国最早开展城市雨洪利用研究与应用的城市（张书函，2015），在经历了长达 10 年的科学研究后（陈献等，2016），2000 年开始，逐步进入了试验示范阶段，建设了我国第一批城市雨洪控制与利用示范工程，包括双紫小区、水电学校、海淀公园、京水小区、八里庄小区等。此阶段在科学研究的基础上，北京城市雨洪控制开始转向技术集成，并围绕奥运工程和亦庄经济技术开发区等重点项目和区域进行示范推广（张书函，2015）。为充分利用河道、沟岔、砂石坑等场所蓄滞雨洪，在凉水河、通惠河、潮白河上建成了 3 处雨洪利用工程，总滞蓄能力为 1966 万 m^3。2006 年开始的北京市雨洪利用工程建设了 10 处示范工程,包括建筑小区、公园绿地、河道、砂石坑、道路等多种类型,并将雨水入渗、收集与调控、排放等多项技术进行集成应用,取得了良好效果。

2009 年开始,北京市海绵城市建设进入发展推广阶段,这一阶段随着城市雨洪管理理念的逐步发展和技术体系的不断完善,基于北京市水资源短缺、城市积滞水、水环境恶化等实际问题与现实需求,走出了具有自身特色的雨洪管控发展路径,并形成了不同时期的技术特点。

1. 资源利用,化害为宝(2009—2013 年)

随着城市的开发建设,北京的水资源短缺和积滞水问题越发显著,这一时期的城市雨洪管控重心是将汛期多余的雨洪水转化为可利用的资源。

2009 年,《北京市建设项目水土保持方案技术导则》中纳入雨洪利用相关要求,新增雨洪利用率指标。同年,北京市水务局、北京市环保局和北京市发改委联合发文要求建设项目水保方案作为环评审批的前置条件,进一步落实对建设项目的雨洪资源利用要求,在全市范围推广应用雨洪资源利用技术。

2012 年,北京市规委印发《新建建设工程雨水控制与利用技术要点(暂行)》(市规发〔2012〕1316 号)中,明确提出建设项目雨水利用规划设计的要求,包括雨水控制利用量、雨水综合利用率等指标,以及雨水回用用途等要求。同年,北京未来科学城编制了雨水利用专项规划,从雨水排除、雨水利用、内涝防治、水土保持与园区景观绿化等有机结合的角度出发,提出雨水控制利用各项指标,并指导实际工程建设,严格落实雨水利用相关要求。

2013 年,北京市启动实施"水影响评价"工作,将水影响评价作为建设项目可研审批前置条件,严格控制建设项目雨水排除,积极鼓励雨水的就地收集与利用。

2. 水量管理,水质提升(2013—2015 年)

2013 年,北京市启动第一个三年治污行动方案,明确提出了消除黑臭水体、控制城市面源污染的目标。2015 年,市政府印发了《北京市水污染防治工作方案》,明确雨污分流改造、控制城市与农村面源污染、整治城市黑臭水体等任务。一系列文件的出台,标志着这一时期雨水管理的重点从水量管理扩展到水量水质综合治理,也成为后期北京市海绵城市管控的关键环节。

3. 海绵城市,综合管控(2015 年至今)

2015 年,随着国家海绵城市建设试点工作的启动,北京市积极响应,编制了实施方案,部署开展海绵城市建设工作,并于 2016 年成功入选国家第二批海绵城市建设试点城市。在传统雨洪综合利用技术的基础上,充分融合"渗、滞、蓄、净、用、排"为核心的海绵城市建设理念和技术,以通州城市副中心国家试点区为龙头,在市域范围内全面落实海绵城市建设要求（蔡殿卿等，2019）。

2018 年，北京市和各区启动海绵城市专项规划编制任务，并进一步完成各类实施方案的编制工作，标志着北京城市雨水管控全面进入以海绵城市建设为核心的综合管控时期。

经过近 30 年的研究探索与实践积累，北京市形成了以源头控制为基础，以分区管控为架构，以水系治理为网络，具有上下游一体化、大中小全尺度自身特色的多层级海绵城市建设技术模式体系。

（1）新旧兼顾，源头雨水分类管控。针对老旧小区以问题为导向，着重发挥渗滞技术空间利用灵活的优势，量"地"定制源头雨水控制及污染削减措施；针对新建小区以目标为导向，严格落实海绵城市建设指标，将不同下垫面雨水进行初雨分流、促渗减排和滞蓄调节（王华民和聂瑜，2017）。

（2）点线结合，过程雨水重点治理。针对城区机动车道路降雨径流的水质水量特性，建立了环保型雨水口＋截污挂篮、初期雨水调蓄池、孔口道牙＋生物滞留槽及暗沟式透水硬路肩等雨水利用与清洁排放技术模式；针对立交桥区雨水特点建立了上跨式立交桥分散收集利用、下凹式立交桥集用＋积滞水防控的多层次立交桥区全过程径流减控技术模式；针对管网传输过程雨水特性，构建分级节点设施调控与管道自身能力挖潜相结合的技术模式。

（3）水系统筹，入河雨水统一调度。发挥信息化与智慧化技术优势，构建基于海绵模型的河湖水网调度技术模式。通过划定城市河道防汛特征水位、制定防汛网格化管理机制等手段，提高入河雨水的统一管理精度，提升城市水系海绵功能。

（4）区域协调，超标雨水集中调蓄。通过分区配湖，利用砂石坑、老河湾或公共绿地蓄洪，合理安排蓄滞洪区调蓄等措施，为区域内超标准雨洪水安排合理通道和调蓄空间，构建了包括西蓄工程、通州堰、南苑湿地公园、温榆河公园、宋庄蓄滞洪区等在内的大尺度海绵调蓄模式。

（5）点面同治，污染雨水分类削减。针对合流制污染治理，构建了分流改造、截流控污与厂网一体化相结合的综合技术模式；针对面源污染，构建了集初期雨水弃除、清管行动、入河污染物削减及河湖水环境提升于一体的全过程治理技术模式（袁再健等，2017）。

海绵城市概念提出以来，全国范围开展了广泛的科学研究、示范建设与推广应用，特别是 2 批共 30 个国家级海绵城市建设试点的建设加速了海绵城市建设理念的丰富与完善（车伍等，2015）。在 2015 年国务院办公厅发布的《关于推进海绵城市建设指导意见》中，要求"将 70% 的降雨就地消纳和利用。到 2020 年，城市建成区 20% 以上的面积达到目标要求；到 2030 年，城市建成区 80% 以上的面积达到目标要求"。海绵城市将长期成为我国城市化转型的重要发展方向（王诒建，2016）。北京是全国最早开展城市雨水管控技术研究的城市，于 2016 年正式启动国家海绵试点建设，目前北京正在逐步完善海绵城市建设与管控技术体系，开始由试点带动过渡到全面推广与常态化建设，力争实现 2030 年远期海绵城市建设目标。本文分析了北京推进海绵城市常态化建设可能面临的主要挑战，从水文机理明晰、监测评价支撑、调控体系构建、管控机制完善等方面探讨了北京海绵城市建设中的关键科学问题，以期科学指导海绵城市基础理论研究与全市范围的推广应用，为我国海绵城市建设提供借鉴。

1.2.2　北京海绵城市建设的关键问题

北京市已于 2019 年顺利完成了北京城市副中心海绵城市试点区的建设，并在北京未来科学城、怀柔科学城、亦庄经济技术开发区、大兴新机场等一系列重点区域进行了推广应用，海绵城市建设面积达标率由 2016 年的 11％增加到 2019 年的 18％，建设效果十分显著。但与海绵城市建设规模快速发展不相匹配，海绵城市建设的基础理论研究、监测评价支撑、科学调控体系构建与管控机制保障相对滞后，在试点建设结束后，如何科学指导海绵城市建设在北京全市范围的常态化建设，是现阶段城市雨水径流管控工作的重点任务。

1. 明晰海绵城市建设背景下的城市水文机理

海绵城市建设的初衷是重塑城市建设区的自然水循环过程，通过对城市下垫面的改造与关键水文过程的调控，科学优化城市水循环的各个环节。相较传统城市建设方式，海绵城市建设能够在降水和污染物输入总体不变的前提下，优化城市建设区外排径流、蒸散发、地下水补给、雨水回用等关键水文要素之间的分配比例。

因此，开展海绵城市建设区的水文机理研究，需要按照城市雨水径流的输入、形成、传输、外排和转化过程，依次开展以下重点研究：①明确城市复杂下垫面条件下的降水和面源污染输入的时空分布规律；②识别绿色屋顶、透水铺装、生物滞留设施等典型海绵设施的径流及污染物调控机理；③精确掌握排水管网的水量水质传输过程，获取管网汇流特征参数；④科学评估年径流总量控制、污染物去除与合流制溢流减控效果；⑤考虑北京的具体需求，综合评估海绵城市建设的生态与地下水回补效益。

2. 完善海绵城市建设的监测与评价支撑

结合海绵试点建设工作，北京已经逐步完善了面向海绵试点考核评估的监测与评价技术体系，但对海绵城市机理研究、技术创新、运维管控等工作的支撑度不足，亟待进一步完善监测要素的全面性和评价指标的科学性。海绵城市监测的核心是管网外排径流过程，但目前排水管网的高精度连续监测是一项技术难题，缺乏成功案例。其原因主要是由于排水管网的断面形态、流场条件普遍较为复杂，设备安装与信号传输存在较多限制条件，缺乏普适性的解决方案。

此外，海绵城市建设及管控对象具有较为复杂的尺度特征，包括单个海绵设施、一系列海绵设施组合而成的海绵建设小区、多个海绵小区组合而成的排水分区、多个排水分区组合而成的海绵城市综合片区的不同尺度。因此，需要有针对性地提出不同尺度的海绵城市监测与评价技术，明确不同尺度监测与评价指标的联系，实现海绵城市全方位监测与评价。

由于海绵城市监测数据序列长度、样本数量的限制以及海绵城市建设区水循环过程的复杂性，需要研发海绵城市建设区精细化水量水质模拟技术，以便基于有限的监测数据成果，开展更大范围海绵城市建设方案的情景模拟分析，支撑水文效应识别、建设效果评估和运维管控等工作。此外，结合现有的海绵城市模拟技术基础，需要在入渗准确模拟、海绵设施科学概化、海绵参数优化等方面进行有针对性的技术提升，并配套研发模拟评估工具。

3. 构建北京地区适宜的全过程综合调控技术体系

海绵城市理念提出之初，主要借鉴低影响开发的理念，强调雨水径流在源头的滞蓄净化。随后倡导灰绿结合，将调蓄池、闸坝等灰色基础设施与源头调控措施进行充分融合，实现控制效果与成本投入的优化提升。因此，目前的海绵城市建设主要在源头和末端两个环节发挥作用，而在一定程度上忽视了海绵城市建设在地表和管网传输过程中的调控效果。下一阶段要通过渗透型管材、环保型雨水口、管网在线净化等技术与产品的研发，充分发挥海绵城市建设的过程调控效果，构建海绵城市建设的全过程（源头—过程—末端）综合调控技术体系。

在重点减控地表径流及污染物的同时，北京的海绵城市建设还应解决北京地区较为突出的城市水问题，例如城市河道的生态基流缺失问题。目前北京城市河道水源主要为再生水，受再生水厂处理能力和处理标准的制约，河道水质仅能满足 V 类水的基本标准。此外，由于合流制溢流和污水处理厂越流等突发污染的影响，以及降雨径流对河道水环境、水生态质量产生的负面影响，且缺少近自然条件的径流补给作用，导致河道生态基流严重缺失，河道的自净能力严重不足。海绵城市建设强调从源头开展径流滞蓄与调控，在削减径流总量的同时能够坦化洪峰过程、净化径流水质、延迟径流排放，因此具有较好的河道生态基流恢复潜力。

4. 加强海绵城市长效保障机制建设

海绵城市建设是一项长期的工作，将伴随着北京城市建设的高质量转型发展不断完善，力争在 2030 年实现 80% 以上的建成区海绵城市建设面积达标要求。因此，需要从体制机制完善与运维管控两个方面加强海绵城市长效保障机制建设。

在体制机制完善方面，应首先建立组织有力的领导体系，做好海绵城市建设的顶层设计与统筹管理；进而在国家海绵城市建设标准、规范体系的基础上，进一步完善北京地方性法规与标准体系，结合全过程技术管理制度文件，规范海绵城市建设的规划、建设、监测评估、运维管控等各个环节；最终采用条块结合的方式，明确各类海绵城市建设及管理主体的任务与责任，构建量化考核评分体系，确保海绵城市建设任务得到充分落实。

此外，在北京现行雨水径流管控体系的基础上，应充分发挥北京特色，结合北京水影响评价制度落实海绵城市管控要求，明确水影响评价审查中海绵城市建设审查的具体要求。进一步加强北京海绵城市建设在规划落地、项目建设与验收考核过程中的管控力度，有力保障海绵城市建设理念在全市范围的有效贯彻，推动海绵城市由试点带动向常态化建设转变。

为了保证海绵城市建设长期发挥效果，需要进一步完善海绵城市的运维管控，搭建海绵城市智能化管控平台。通过该平台的建设，能够实现海绵城市从规划到落地的全生命周期建设资料信息化集成，高效开展海绵城市建设资产的智能管理，并向政府和社会公众直观展示海绵城市建设效果，促进海绵城市可持续发展。

1.3 研究目标

综合运用试验研究、大数据分析、模拟评价等多种手段，明晰典型海绵措施的水文响应机理与径流污染削减机理，识别海绵城市建设对城市水文过程的影响作用规律，发展降雨—入渗、土壤水分运动、初期径流截留、污染物迁移转化等关键水文水质过程的模拟技术。在传统流域大气水—地表水—土壤水—地下水相互转化研究的基础上，明晰了海绵城市建设区大气水—地表水—土壤水—地下水—管网蓄水转化过程，集成构建海绵城市建设区水量水质综合计算模型。以机理研究与模拟技术为支撑，构建多尺度（单项措施、地块、片区及城市）海绵城市监测与效果评价技术体系，明确合流制排水分区海绵城市多层级调控效果，支撑北京市海绵城市建设与推广。

1.4 研究内容

1.4.1 典型海绵措施的水文响应机理与模拟技术

针对透水铺装、生物滞留设施和绿色屋顶等典型海绵措施，开展原型观测实验与小区综合监测，重点关注降雨—入渗过程、土壤水分运动过程、初期径流截留和污染物迁移转化过程。在水量控制的基础上，研究面源污染削减过程的变化规律，识别关键影响因素，定量影响阈值，并以传统水文模拟技术为基础，发展针对典型海绵措施的关键水文水质过程模拟技术，确定模型参数建议取值。

1.4.2 海绵城市建设区水文转化过程

以海绵城市建设典型小区为研究对象，基于水文—气象—水质要素监测数据，在传统流域水循环理论的基础上，重点考虑管网蓄水与地表水和土壤水的转化规律，提出海绵城市建设区水文转化过程，识别降雨特征和海绵城市建设对水分转化过程与污染物削减过程的影响作用规律，为海绵城市建设效果的评价提供理论与技术支撑。

1.4.3 海绵城市建设多尺度效果评价技术

在现有海绵城市建设评价指标的基础上，重点关注海绵城市建设的防洪减灾、水资源利用、环境生态改善等方面的效果，提出海绵城市建设效果综合评价指标，研究建立包含单项措施（透水铺装、生物滞留设施、绿色屋顶等）、小区（海绵型建筑与小区、海绵型公园绿地、海绵型道路广场等）和海绵城市建设综合片区的多尺度海绵城市建设效果评价技术体系，具体包括指标体系、测取方法、评价标准、评价方法等内容。结合北京海绵城市建设情况，进行效果综合评价技术体系的示范应用，开展情景模拟分析，量化海绵城市建设的关键技术参数，建立以问题为导向和以目标为导向的北京海绵城市建设方案。

1.5 实施方案和技术路线

针对透水铺装、生物滞留设施、绿色屋顶等典型海绵措施，开展室内原型实验、示范区典型海绵措施配套监测和小区综合监测实验。识别降雨、前期土壤含水率和工程设计参数等对典型海绵措施产流减污过程的影响的作用规律，有针对性地提出海绵措施降雨—径流模型与污染物迁移转化过程定量表达方法，并通过现场监测数据验证模型与计算公式的合理性，提出示范区典型海绵措施参数集。

通过实验监测与典型海绵城市建设区水文—气象—水质要素监测站网，获取地表水—土壤水—管网蓄水—地下水转化过程实测数据，掌握海绵城市建设区精细化水文转化过程，构建海绵城市建设区水量水质综合计算模型。针对单项措施、小区和综合片区等多尺度，以及径流减控、污染物削减和水资源利用效果等多目标，构建多尺度多目标海绵城市建设效果评价技术体系，综合评估海绵城市建设效果。技术路线图如图1-1所示。

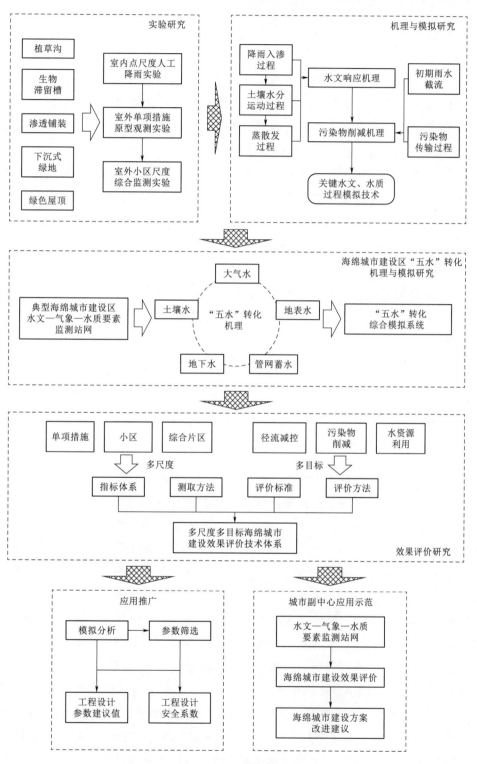

图 1-1 技术路线图

1.6　创新点

（1）基于透水铺装、生物滞留设施、绿色屋顶等源头尺度、项目尺度、排水分区尺度的多尺度实验研究，定量分析了降雨特征和海绵措施参数对水分转化过程与污染物削减过程的影响的作用规律，进而明晰各项典型海绵措施的水文响应机理与径流污染削减机理，定量化识别径流减控与污染物削减效果。

（2）传统的自然流域水循环过程主要研究大气水、地表水、土壤水和地下水之间的转化关系。考虑到在海绵城市建设区，管网是最为活跃的水流路径，能够人为组织和串联不同的产流单元与海绵设施。同时，管网汇流取代了传统自然流域的地表汇流过程，成为径流外排的主要途径。因此，在传统水文过程的基础上考虑到管网蓄水的重要作用，提出了海绵城市建设区的"大气水—地表水—土壤水—管网蓄水—地下水"的转化过程。

（3）集成海绵城市建设区水量水质综合计算模型。基于海绵城市建设的总体目标以及在雨水资源利用、防洪排涝、水生态、水环境等方面的要求，构建多尺度（单项措施、地块、片区及城市）多目标的海绵城市建设效果评价技术体系。量化合流制排水分区海绵城市多层级调控效果，实现建筑小区尺度和城区区域尺度海绵城市精细化模拟分析方案，提出海绵城市建设与已分区改造策略。

1.7　主要成果

（1）在明确海绵城市系统相关概念的基础上，进一步解析海绵城市系统所涉及的水循环过程是海绵城市建设中的重要基础研究。传统的自然流域水循环过程主要研究大气水、地表水、土壤水和地下水之间的转换关系。考虑到在海绵城市建设区，管网是最为活跃的水流路径，能够人为组织和串联不同的产流单元与海绵设施。同时，管网汇流取代了传统自然流域的地表汇流过程，成为径流外排的主要途径。最终，提出了海绵城市建设区的"大气水—地表水—土壤水—管网蓄水—地下水"转化过程。

（2）基于蒸渗仪精细化监测透水铺装的水文过程，监测结果表明透水铺装的入渗能力和蓄水能力较强，透水铺装主要通过显著提升入渗，在铺装面层基本不产流，降雨被入渗。拦蓄的雨洪水量深层渗漏与蒸散发的比例为3∶1。透水铺装的降雨损失主要为深层渗漏过程，透水铺装可有效减少降雨产流，起到消减径流量、涵养地下水资源的作用。透水铺装下层土壤含水率随降雨变化明显，随着土壤埋深增加，土壤含水率显著减少，每增加10cm埋深土壤，含水率减少约0.09。当土壤埋深超过1m，土壤含水率与对地面降雨的相应敏感度迅速降低，土壤含水率基本保持稳定，随降雨变化不明显，基本处于接近饱和状态。

（3）生物滞留设施入渗能力强，积水和产流综合受降雨强度、降雨量、前期土壤含水率和降雨历时的综合影响。基于蒸渗仪的监测结果，生物滞留设施在监测时段内的深层渗漏量、蒸散发量和砾石层出流量占水分损失的比例分别为 35.33％、64.65％ 和 0.02％。生物滞留设施的降雨损失主要为蒸散发过程，生物滞留设施的主要作用是通过有效减少降雨产流，从而消减径流量，缓解城市热岛效应。不同生物滞留设施对比结果表明，降雨对生物滞留设施土壤含水率影响的敏感深度不超过 50cm，建议种植层厚度在 50cm 以内，同时种植层在增强其渗透性能的同时确保一定的蓄水能力，才能确保植物长势良好。倒置生物滞留设施可显著增加种植层土壤含水率 0.08 左右，可显著提升生物滞留设施的蓄水能力。

（4）在全面进行文献调研的基础上，整合从文献中提取的面源污染监测数据成果，综合识别全国范围典型城市下垫面的面源污染规律，并初步定量了城市面源污染对雨污合流制排水分区雨水径流污染的贡献率。透水铺装具有高透水性和一定的污染物削减能力，在高浓度污染物进水情况下，对 COD、NH_3-N 和 TP 去除率稳定且高效，COD、NH_3-N 和 TP 在高浓度情景下去除率分别为 97.37％、99.62％ 和 98.32％。生物滞留设施通过植物根系作用以及生物滞留池里面的微生物作用，使水质得到净化，在高浓度污染物进水情况下，对 COD、NH_3-N 和 TP 去除率稳定且高效。COD、NH_3-N 和 TP 在高浓度情景下去除率分别为 96.27％、99.40％ 和 96.99％。

（5）建立了海绵城市监测与评价技术体系。基于相关监测与评价技术规程规范，根据不同尺度系统化监测布点、监测技术和方案要求，从海绵城市建设前的背景监测、海绵设施监测、场地尺度监测、排水分区尺度监测、城市尺度监测等不同尺度制定了有针对性的监测方案。从有监测资料和缺乏监测资料区域两方面建立了海绵城市建设效果评价体系，并在北京市进行了评价实践，分别对海绵小区和东城区、石景山区、大兴区进行了评价。未来亟须通过综合运用物联网、智能感知等新技术手段，实现海绵城市监测与评价能力的系统提升。

（6）在建筑小区尺度方面，已建成区域的源头海绵改造对年径流总量控制率提升效果有限，过程和末端调控措施对已建成区域径流控制效果提升更为显著，通过源头—过程—末端联合调控效果更加明显。在合流制排水分区计算年径流总量控制率时，应考虑区域间接出流情况，否则易导致计算所得年径流总量控制率偏高，难以准确评估海绵城市建设效果。有必要在排水分区尺度多层级海绵城市建设的基础上，综合考虑再生水厂提标改造、雨水湿地构建、河道水系连通等综合性手段，实现区域尺度的海绵城市建设目标。

（7）通过构建小区尺度精细化降雨径流模型，量化了海绵措施对小区径流拦蓄效果，径流控制率随降雨重现期的增大而减少，海绵措施具有显著的削峰减洪效果，其中透水铺装等强渗透性海绵措施在高重现期降雨条件下的削峰作用明显，绿地等海绵措施则在低重现期降雨条件下的蓄渗效果更为明显。径流削减效果一方面受海绵设施规模的影响，另一方面，还受竖向条件的制约，一般接受客水越多的海绵措施其削减效果越明显，受重现期影响却更加显著，径流削减效果衰减较快。总之，在汇水单元内布置海绵措施能够有效减少其对流域出口径流量的贡献率。

（8）通过构建城市建成区综合流域/区域排水模型，模拟不同重现期城市排水管网实际排水能力，分城市、地块、道路3个尺度，对下排水管网现状排水能力进行评估。对于老城区有约50%的管网不足1年一遇；主次干道管线有约40%不足1年一遇。地块尺度功能分区管网排水能力依次为：公园绿地≥居民小区＞商务行政办公区＞商业区。针对不同尺度下排水管网排水能力的现状评估结果，诊断并分析排水能力不足的问题及成因，以期通过系统性的管网现状评估及优化方案，为国内其他老城区的管网排水能力的提升提供一套适用性的优化改造策略。

第 2 章

海绵城市水循环过程分析

海绵城市建设的本质是城市水系统的重构，因此明晰海绵城市系统所涉及的水循环过程是海绵城市研究中最根本、最重要的问题。本书以海绵城市建设区为研究对象，定义了海绵城市系统的内涵，明确了海绵城市系统的输入项与输出项，探讨了基于海绵城市系统的城市水循环过程，即海绵城市建设区"大气水—地表水—土壤水—管网蓄水—地下水"转化过程。提出海绵城市系统研究要点，包括海绵城市建设区的降雨与污染物输入、典型海绵设施的径流及污染物转化过程、排水管网径流监测与汇流特征参数确定、海绵城市建设区的径流及污染物外排过程和海绵城市建设的生态与地下水回补效益等内容，以期为海绵城市建设的基础理论研究与工程实践提供启发和帮助，促进我国城镇化转型发展。

2.1 海绵城市水文过程研究

城镇化是现代化的必由之路，既是经济发展的结果，又是经济发展的动力。2000 年以来，我国城镇化率以每年约 1.3% 的增速快速发展，截至 2017 年年底，我国城镇化率达到 58.52%，预计 2030 年我国城镇化率将达到 70%，即我国将有 10 亿以上的人口聚集于城镇。传统粗放管理下的城市化发展模式以及不断增加的城市不透水面积比例，改变了原有的自然水循环过程，导致了内涝灾害频发、水体污染严重、缺水与水生态退化等一系列城市水问题。为了维护自然、健康的城市水循环过程，2013 年 12 月，习近平总书记在中央城镇化工作会议上提出"建设自然积存、自然渗透、自然净化的海绵城市"，强调通过海绵城市建设维护城市下垫面对雨水径流的存蓄、入渗和净化等自然功能。

海绵城市理念的提出，在全国范围内掀起了海绵城市建设研究与实践的热潮，分 2 批共 30 个海绵城市试点建设加速了海绵城市建设理念和技术的丰富与完善。车伍等深入解读了《指南》中的基本概念与综合目标、径流总量控制率计算与区划、雨洪调蓄系统构建等具体问题，有效指导了后续的海绵城市建设（王文亮等，2015；李俊奇等，2015；车伍等，2015）；张建云等（2016）从内涵解析、目标指标、建设功能、体制机制等角度深入讨论了海绵城市建设的有关问题；左其亭（2016）从学科体系的视角，阐述了海绵城市建设中需要关注的 6 项水科学难题；王浩等（2017）基于"一片天对一片地"的核心思想，提出了海绵城市系统构建模式；夏军等（2017）基于水系统的概念，深入探讨了海绵城市建设涉及的关键水文学问题；刘昌明等（2016a；2016b）从城市防洪排涝、城市面源污染控制和城市雨洪资源化利用等角度，探讨了海绵城市建设的核心内容，提出了宏观、中观、微观三个不同层面的城镇低影响发展模式。

海绵城市建设旨在维护良性水循环的城市水系统建设与改造，随着实践的不断深入，人们越来越认识到基于系统性视角研究海绵城市建设的重要性（徐宗学等，2019；程涛等，2019）。而目前尚缺乏基于城市水循环视角，对海绵城市系统进行界定，未明确海绵城市系统与整个城市水系统之间的复杂作用关系，亟待系统和全面地梳理海绵城市建设背景下的城市水循环过程。

2.2 海绵城市系统概念解析

2.2.1 海绵城市系统的定义与组成

海绵城市建设的初衷是重塑城市建设区的自然水循环过程，海绵城市系统是海绵城市建设和改造的主体。基于明确海绵城市研究的边界，聚焦恢复城市下垫面自然水文特征这一海绵城市建设的核心思想，本书所讨论的海绵城市系统主要指由河湖水系等地表水边界分隔的相对独立的海绵城市建设区，未拓展到城市流域这一较为宏观的尺度。依据功能定位和水文特性的不同，海绵城市系统由普通下垫面、海绵设施和排水管网三部分组成，海绵城市系统及输入与输出如图 2-1 所示。普通下垫面指传统城市水文学中的重点研究对象，包括屋顶、道路、广场等不透水下垫面，以及绿地、裸地等透水下垫面和小规模的水体等。海绵设施主要包括：源头低影响开发设施，例如透水铺装、生物滞留设施、绿色屋顶等；过程调控设施，例如初期雨水截留、环保型雨水口、旋流沉砂、管道在线过滤等；末端蓄滞设施，例如雨水坑塘、调蓄池等。区别于自然流域水循环过

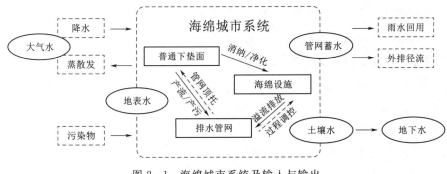

图 2-1　海绵城市系统及输入与输出

程，排水管网是城市建设区重要的水流通道及最活跃的组成部分，通过排水管网人工构建了不同产流单元之间以及海绵城市系统和外部受纳水体的水力联系，因此需开展排水管网的相关水文过程研究。

2.2.2　海绵城市系统水文转化过程

在海绵城市系统内部，普通下垫面、海绵设施和排水管网存在密切的水力联系。在海绵城市建设中，强调将普通下垫面形成的地表径流引入海绵设施进行消纳和净化，随后溢流排放进入排水管网。但在场地条件不允许时，也不排除普通下垫面产生的地表径流和面源污染未经海绵设施处理，直接排入雨水管网的情况发生。而当管网排水能力不足时，排水管网中的径流及污染物可能通过管网顶托作用返回普通下垫面，形成地面积水。此外，海绵城市建设不仅强调源头减排，排水管网中的径流和污染物还可以通过海绵设施进行过程和末端调控。

2.2.3　海绵城市系统的输入与输出

海绵城市建设的核心是海绵城市系统的科学构建，难点在于统筹协调普通下垫面、海绵设施和排水管网三者的关系。海绵城市系统的输入项与输出项的复杂响应关系，直接影响到海绵城市系统的建设效果。从水量水质的角度进行分析，海绵城市系统的输入项主要包括降雨和污染物两部分。海绵城市系统的输出项主要包括：蒸散发，即土壤水通过地表蒸发和植被蒸腾进入大气的水分损失；深层渗漏，即土壤水通过深层渗漏后进入地下含水层；通过管网进入河湖水系的外排径流；通过多种方式实现的雨水利用。需要予以明确的是，本书所涉及的污染物输入及径流污染物外排过程主要针对大气干湿沉降过程以及机动车、行人、生活垃圾等引起的城市面源污染，而不包括城市生活污水及其他点源污染。

2.2.4　海绵城市系统建设目标

相较传统城市建设区而言，通过海绵城市系统的构建，能够在降雨和污染物输入保持不变的前提下，根据海绵城市建设目标，优化海绵城市系统输出项，即对蒸散发量、深层渗漏量、外排径流量、雨水回用量进行重新分配。对照《指南》给出的海绵城市建设目标，减少外排水量及污染物无疑是最为关键的。但通过海绵城市建设减少的这一部分外排径流究竟是增加了蒸散发量，还是回补了地下水，或是滞留在海绵城市系统内部，需要结合实际的区域特点与具体的海绵城市建设目标，从水循环的角度进行深入分析讨论。

2.3　海绵城市建设区水文转化过程

在明确海绵城市系统相关概念的基础上，进一步解析海绵城市系统所涉及的水循环过程是海绵城市建设中的重要基础研究。传统的自然流域水循环过程主要研究"大气水—地表水—土壤水—地下水"转化关系。考虑到在海绵城市建设区，管网是最为活跃的水流路径，能够人为组织和串联不同的产流单元与海绵设施。同时，管网汇流在一定程度上取代了传统自然流域的地表汇流过程，成为径流外排的主要途径。因此，需要在传统自然流域的水文转化过程的基础上考虑管网蓄水的重要作用，研究海绵城市建设区的"大气水—地表水—土壤水—管网蓄水—地下水"转化过程。海绵城市建设区水转化过程如图 2-2 所示。其中，"促进"指海绵城市建设会加强这一水转化过程；"减少"指海绵城市建设会抑制这一水转化过程；"调治"指海绵城市建设会优化这一水转化过程。

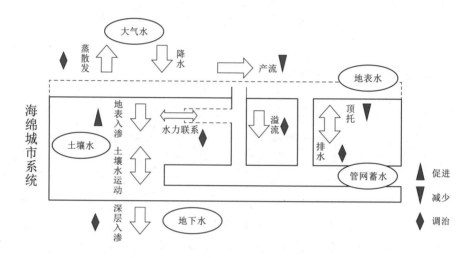

图 2-2 海绵城市建设区水转化过程

2.3.1 径流形成及外排过程

对于不透水下垫面而言，降雨扣除初损和蒸散发后，转化为地表径流。其中一部分地表径流汇入海绵设施，另一部分直接通过雨水口排入雨水管网，由地表水转化为管网蓄水。对于透水下垫面和海绵设施而言，降雨首先消耗于初损过程，而后完全入渗进入土壤，直接完成大气水与土壤水的转化。随着降雨量与土壤含水率的增加，当降雨强度超过表层土壤的入渗能力或是表层土体完全饱和时，才可能发生地表产流。

2.3.2 土壤水转化过程

降雨过程中，地表积水与降雨逐渐渗入土壤，完成地表水向土壤水的转化。降雨结束后，增加的土壤水一部分通过蒸散发作用返回大气，另一部分通过包气带土壤水分运动进入地下含水层。海绵城市建设强调降水的就地消纳,因此在直接减少地表水和管网蓄水的同时增加了土壤水,随后又间接增加了大气水与地下水。

2.3.3 管网蓄水转化过程

管网蓄水是城市建设区和自然流域水循环过程的重要区别之一,并且海绵城市建设进一步强化了管网的径流传输与汇流组织功能,因此管网蓄水的转化过程也更为复杂。海绵城市建设区的管网蓄水转化过程主要包括:发生在普通下垫面的地表径流直接外排过程;发生在海绵设施表层的超标雨水径流溢流排放过程;发生在管网排水能力不足时的管网蓄水顶托过程;发生在渗透型排水管的土壤水与管网蓄水相互转化过程。因此,海绵城市建设区管网蓄水与其他水量成分具有复杂的转化关系,这也是海绵城市建设区水循环过程与自然流域水循环过程的主要差异。

2.3.4 海绵城市建设的水文效应

一般情况下,海绵城市建设会增加原有城市水循环过程中的蒸散发量、地表入渗量,减少产流量和管网顶托情况的发生,并根据现状条件和雨水管控需求调治管网排水过程、海绵设施溢流过程、深层渗漏过程,建立表层土壤与渗透型管网的水力联系。海绵城市建设对城市水文过程的影响,包括径流减控、污染物削减、生态环境恢复等,都是上述直接水文转化过程的综合作用的结果。因此,应从分析海绵城市建设对上述主要水文转化过程的影响入手,识别和评估海绵城市建设的水文效应。

2.4 海绵城市建设区主要水文过程

本节分别从海绵城市系统的降水输入、污染物输入、径流和污染物转化、蒸散发和地下水回补共 5 个方面,论述了海绵城市建设背景下城市水文循环的研究要点,以期科学指导海绵城市建设的推广及应用。

2.4.1 海绵城市建设区的降水输入

1. 降雨时空演变规律

降雨的时空演变规律一直以来都是水文学研究的重要内容,针对城市建设区复杂下垫面条件下的降雨研究已经开展了大量的工作。从海绵城市建设的角度考虑降雨时空演变规律,需要强调两项内容:一是如何基于城市建设区高密度雨量站的详细资料,充分进行数据挖掘,掌握历史降雨的细节特征,特别是与局地微地形和下垫面密切相关的降雨空间分布规律(刘伟东等,2014;徐光来等,2010;周长艳等,2011;张建云等,2016;Lotte 等,2017);二是将大尺度气候模式的成果与高分辨率历史资料进行结合,合理、谨慎地推求未来的降雨变化趋势，开展海绵城市建设的气候变化适应性分析，适当调整海绵城市建设标准（孙艳伟等，2012；桑燕芳等，2013；Bi 等，2017；Willems等，2012；Miller 等，2017）。

2. 场次降雨特性与设计降雨

由于海绵城市建设主要关注场次降雨过程，因此场次降雨特性应当是降雨时空演变规律分析的重点。场次降雨特性包括降雨重现期、降雨历时、降雨总量、最大降雨强度、雨前干期、降雨雨型等要素。场次降雨特性分析应结合后续开展的地表污染物冲刷规律分析、不同下垫面产汇流特征识别、年径流总量控制率核算、海绵工程规划设计等研究需求（杨默远等，2019）。此外，单纯利用历史实测数据提取场次降雨特征还不能满足海绵城市规划设计的实际需求，还应推求得到不同重现期和历时标准对应的设计降雨过程作为计算依据，开展海绵方案的情景模拟分析和海绵工程的规划设计。目前设计降雨过程的推求，主要依据地方标准中给出的暴雨强度公式计算降雨总量，结合特定的降雨时程分配得到设计降雨过程。但地方标准中给出的暴雨强度公式多是针对整个城市区域或是一部分城市区域，其覆盖面积通常远超出具体的海绵城市建设区，不能准确反映局地降雨特征，可能对海绵城市建设效果造成较大影响。因此，有必要在降雨资料较好的条件下（多站点、分钟级、长历时），针对具体海绵城市建设区，提出一套暴雨强度公式和降雨雨型修订方法，降低设计降雨输入带来的不确定性。

2.4.2　海绵城市建设区的污染物输入

解决城市面源污染问题是开展海绵城市建设的重要出发点。研究城市面源污染问题，首先对城市下垫面的污染物来源进行量化研究，然后分析降雨过程中的污染物冲刷规律，随后研究面源污染削减技术，进而评估面源污染控制效果（Yang 等，2017；仇付国等，2016；葛德等，2018；郭娉婷等，2016；李家科等，2014；孟莹莹等，2013；王书敏等，2014）。目前的研究多集中在规律分析、削减技术和效果评价等方面，而对海绵城市系统污染物输入来源的量化研究较少。城市下垫面的污染源一般包括两部分：一是大气的干湿沉降过程；二是车辆通行、垃圾粉尘等城市活动引起的城市下垫面污染物累积过程。

大气中的颗粒污染物和气态污染物可通过大气干湿沉降过程进入海绵城市系统，干沉降是指大气圈层的气溶胶粒子通过重力作用或者气体扩散作用直接迁移到城市下垫面的过程；湿沉降是指大气颗粒物和气溶胶通过降雨或降雪从自由对流层和边界层去除的过程。从海绵城市建设中面源污染控制的角度研究大气干湿沉降过程，主要关注 N、P、SS，以及重金属等污染物的输入过程。大气干湿沉降存在一定下垫面空间分布和年内变化规律，在海绵城市建设区的综合监测中，有必要结合气象要素的监测，开展干湿沉降的自动采样监测，识别海绵城市建设区的大气干湿沉降特征。

汽车尾气排放、轮胎磨损、工业生产活动、道路老化、融雪剂喷洒等城市活动会引起污染物的累积，而污染物累计规律与土地利用类型、人口密度、交通流量、清扫方式等因素密切相关。目前有关面源污染累积过程已开展了大量的研究工作，针对不同的研究区域，取得了丰富但相对孤立的面源污染采样与调查成果。因此，有必要在整合前人监测数据成果的基础上，通过大量数据的再分析，获取具有一定普适性价值的因城市活动导致的城市面源污染累计规律。

2.4.3 海绵城市建设区的径流和污染物转化

2.4.3.1 普通下垫面

1. 污染物冲刷规律

普通下垫面主要由不透水下垫面（屋顶、道路、广场）和透水下垫面（裸地、绿地）组成。不透水下垫面作为面源污染的主要来源，其污染物冲刷规律虽然已被广泛研究，但目前仍缺乏具有一定物理基础且被广泛认可的结论性成果。造成上述现象的主要原因是地表污染冲刷过程的影响因素众多，对其物理过程认识不清。此外，地表径流污染的监测手段还不完善，缺乏便捷的现场采样与在线监测方法，造成监测点位不够全面、监测场次不够丰富、监测数据不够连续。针对某一具体研究区，研究者往往仅掌握了两三种不同下垫面在一两个汛期内的几个典型场次的监测数据。这样不够系统的监测数据仅能够开展初步的定量分析和为模型参数的取值提供参考，但满足不了地表冲刷过程机理研究的需求。未来可以从以下两方面进一步研究地表污染物的冲刷规律：一是开展室内实验，设计不同的下垫面类型、污染物负荷、降雨径流输入等实验情景，基于较为全面的实验监测数据，开展污染物冲刷过程的机理研究；二是系统整合大量相关文献中提供的地表污染物监测成果，通过多源数据融合与再分析，归纳污染物冲刷过程的普适性规律和区域性差异，为后续研究提供参考和依据。

2. 雨水口汇水过程

普通下垫面产生的地表径流与污染物通过地表汇流过程，由雨水口进入排水系统，随后参与管网汇流过程。目前在城市水文学的研究中主要关注地表汇流和管网汇流这一前一后的两个汇流过程，而对中间环节的雨水口汇水过程研究不足。在实际的降雨径流过程中，由于雨水口汇水范围与局地竖向设计不合理、雨水口淤堵等原因，使得雨水口未能有效控制整个汇水范围，或者是汇水口的过流能力不足，造成了地表积滞水情况的发生。此外，在海绵城市建设区洪涝模拟中，往往只概化考虑了检查井的汇水和溢流过程，认为检查井能够直接将地表径流快速收集，而未考虑雨水口过流能力的限制，造成模拟结果与实际过程存在较大出入。因此，在海绵城市建设区精细化的分析与模拟中，应进一步考虑雨水口汇流过程的影响。

2.4.3.2 海绵设施

海绵城市的核心是一系列海绵设施的建设，与绿地、裸土等城市普通透水下垫面相比，海绵设施普遍具有地表下凹滞蓄空间和复杂的分层结构，导致其降雨—入渗产流过程具有突出的有压入渗特点，并且设施内部的垂向水分运动与传统分层土壤水运动存在较大差异。因此，有必要在现有产流机理研究的基础上，针对不同的结构特点及应用场景，进一步明晰典型海绵设施的降雨—入渗—产流和分层土壤水运动机理，并通过水量削减实现污染控制，定量分析海绵设施的初期雨水径流及污染截留效应，识别污染物迁移转化规律。

1. 降雨—入渗—产流过程

海绵设施能够对普通下垫面输出的径流过程进行水量消纳与水质净化。雨水径流在海绵设施表层发生降雨—入渗—产流过程，在海绵设施内部发生分层土壤水分运动过程。由于地表调蓄空间的存在，使得海绵设施在入渗产流过程中往往存在 10cm 以上的水头压力，不同于自然流域的入渗产流过程，有压入渗不能够通过经验入渗模型（如 Horton 模型）较好描述（刘昌明等，2014），而在物理模型（如 Green－Ampt 模型）的土水势分析中直接添加地表净水头压力项是否能够准确模拟海绵设施的有压入渗过程，还需要开展详细的实验监测与验证工作（郭会敏等，2009；李红星等，2009、2010；Chen 等，2015）。

2. 分层土壤水运动过程

分层土壤水分运动过程一直以来都是土壤水研究的重点，也取得了大量的研究成果（王全九等，1999；Chu 等，2005；Mohammadzadeh-Habili 等，2015；Gohardoust 等，2017；熊丁晖等，2018）。但不同于天然条件下的土壤质地差异，海绵设施在构建过程中为了强化设施的渗透和持水性能，添加了大量的非土壤类填料，其水分运动特征与天然土体存在较大差异。目前将 Green-Ampt 模型和 Richards 模型用于描述海绵设施复杂分层结构条件下的土壤和非土壤介质中的水分运动过程尚存在较大不确定性，因此，如何提出相对完善的海绵设施土壤水分运动机制，是进行海绵设施精细化模拟的关键。

3. 初期雨水、污染物截留过程

海绵设施能够通过沉淀、吸附、过滤等过程降低径流污染物浓度，特别是对 SS 具有较好的控制效果（普遍在 50％以上），而对 COD、NH_3-N、TP 和 TN 等其他特征污染物的去除效果不稳定，甚至可能出现增加污染物浓度的情况。因此海绵设施的径流污染去除效果，很大程度上归功于海绵设施突出的径流总量控制效果（对于中小重现期降雨能达到 80％以上）（郭娉婷等，2016；李家科等，2014；孟莹莹等，2013）。此外，通过分析入流—出流过程曲线，能够发现在产流发生前的初损阶段，海绵设施的径流总量控制效果更加突出（杨默远等，2019）。与此同时，由于初期雨水效应的存在，使得初期被截留的径流污染浓度普遍高于整个径流过程的平均污染物浓度。因此，初期污染物截留作用是海绵设施能够有效削减污染物的关键，识别初期雨水径流及污染截留特征是评估海绵设施污染物削减效果的重要环节（张千千等，2014；王倩等，2015；张文婷等，2015；Johnson 等，2019；Cording 等，2017）。

4. 污染物迁移转化过程

海绵设施对普通下垫面的地表径流进行集中消纳，滞留在海绵设施内部的大量径流及携带的污染物可能会带来一定的土壤环境污染风险，因此需要研究污染物在海绵设施内部的迁移转化规律，具体涉及弥散、吸附、解析及氧化还原等过程（高峰等，2017）。此外，不同的污染物输入特征、海绵设施分层结构和土壤特性都会导致不同的迁移转化结果，难以借助通用的机理或模型来描述所有可能的情况。因此，有必要在土壤水环境研究的基础上针对城市面源污染的不同特征污染物分别进行分析，系统开展各类海绵设施的污染物迁移转化规律研究，为海绵设施的结构设计、填料优选、运营维护等实际工作提供指导。

2.4.3.3 排水管网

1. 管网蓄水量、水质传输过程

排水管网是在海绵城市系统中人工构建的径流汇集、输送和排放通道，不同于自然流域的坡面汇流过程，排水管网具有汇流响应迅速、路径复杂、流态多变等特点。目前已有大量的理论方法能够较好地描述理想状态下的管网汇流过程（胡伟贤等，2010；王彤等，2018）。但由于施工质量不达标、运行管理措施不完善等原因，导致实际排水管网中淤积、渗漏、错接、混接等异常情况普遍存在，管网实际的水量以及污染物传输过程往往与理想状态存在较大偏差（付博文等，2018；千里里，2012；王芮等，2018）。此外，由于排水管网相对封闭，对管网汇流过程的监测异常困难。目前通过常规的在线监测设备，仅能够得到少量管网关键节点的水量水质监测数据，且难以保证监测数据质量，并且针对节点与节点之间的管网水量、污染物传输过程缺乏有效的监测手段（董鲁燕等，2014；郭效琛等，2018）。如何获取大范围、高质量与高分辨率的监测数据，并通过有限的监测数据还原整个管网汇流过程，是目前海绵城市建设中迫切需要解决的问题。

2. 管网汇流特征参数

在目前海绵城市建设区管网汇流模拟与分析中，管网汇流参数的取值存在较大不确定性，并且对管网汇流参数的重视程度远低于地表产流参数（周云峰，2018）。虽然径流总量的削减是海绵城市建设所重点关注的内容，但汇流过程决定了整个径流过程的时程分配，直接影响到峰值流量和峰现时间等关键要素（吕恒等，2018）。因此，有必要在获取管网详细监测数据的基础上，考虑实际的管网运行状态，科学确定管网汇流特征参数，使得概化后的管网汇流模型能够真实反映管网汇流规律。

2.4.3.4 径流总量控制率核算

年径流总量控制率是海绵城市建设最为核心的一项指标,其内涵和核算方法存在不同认识。王家彪等(2017)对降雨控制模式进行了深入的讨论,分别研究了降雨总量控制和降雨场次控制的区别,指出降雨总量控制率不等于径流总量控制率,降雨控制需将降雨转换为径流后才能与径流控制对应,而降雨场次控制率等于径流场次控制率,其降雨控制与径流控制直接对应。李俊奇等(2018)探析了极端降雨事件对年径流总量控制率和24h降雨场次控制率的影响规律,最后确定了计算过程中极端降雨时间的最佳扣除比例。张建云等(2016)认为海绵城市中径流控制效果与场次暴雨总量与时程分布有直接关系,根据地域降雨特征来设置径流控制指标更合理。

张宇航等(2019)分别从场次降雨确定方法以及资料长度科学选取两个方面探讨了年径流总量控制率的核算方法。结果表明,较《指南》中选取的日降雨数据而言,场次降雨数据更能反映实际的降雨特征,针对北京城市副中心海绵城市试点区的实际情况,在最小降雨间隔时间取6h和24h时,日降雨数据计算得到的设计降雨量分别偏低19.81%和35.10%。通过对全国范围降水资料的深入分析,发现对于缺资料地区,适当将资料长度缩短至20~25年也可得到合理结果;对于历史降雨资料充足的地区,应在文中给出的最优资料长度的基础上,考虑历史降水序列的周期性及趋势性变化规律,综合确定最优资料选用长度,从而确保最优的海绵城市建设效果与合理的工程建设投入。未来应重点考虑气候变化的影响,构建科学的年径流总量控制率核算方法,确保设计目标(年径流总量控制率)与实际建设效果的一致性。

年径流总量控制效果主要受中小降雨(低于1年一遇)的影响,而高强度降雨事件及其引起的城市洪涝灾害,同样是海绵城市建设关注的重点。通过在全国不同研究区开展的大量的情景模拟分析,充分说明海绵城市建设能够有效缓解一般强度降水(1~3年一遇)引起的洪涝灾害(Jiang等,2018;Liu等,2019)。但由于目前的海绵城市实践主要集中在有限的试点建设区域,局限于低影响开发措施的应用,因此难以应对极端降水(不低于3年一遇)造成的城市区域范围洪涝灾害。因此需要进一步拓展海绵城市建设内涵,将低影响开发理念、灰色基础设施建设和城市流域统筹管理相结合,通过构建不同尺度的海绵城市系统,综合解决城市暴雨洪涝问题(Mei等,2018)。

2.4.3.5 年污染物总量削减率核算

控制外排径流污染是海绵城市建设的核心目标之一,在2014年发布的《指南》中,利用"年污染物总量去除率"指标评价径流污染控制效果,认为"年污染物总量去除率"等于年径流总量控制率与低影响开发设施污染物浓度去除率的乘积。而在2018年发布的《海绵城市建设评价标准》(GB/T 51345—2018)中,将"年污染物总量去除率"指标替换为"年径流污染物总量削减率"指标,但没有给出具体的"年径流污染物总量削减率"指标定义与计算方法。一般定量海绵城市建设的污染物总量控制效果的方法有:①定量海绵城市系统污染物输入与输出的关系，便于关联受纳水体的水环境容量等指标；②对比海绵城市建设前后的径流污染外排总量，进而评估海绵城市建设的水文环境效应。在具体核算方法上，上述两种方法都需要在精确监测、合理建模的基础上，通过情景模拟分析的方法，综合评估年污染物总量的控制效果。

当降雨量级低于海绵城市系统的设计降雨量时，雨水径流完全滞蓄在海绵城市系统内部，无外排径流发生，不形成面源污染，此时的污染物总量削减率达到100%，低于设计降雨量的降雨场次发生概率即为降雨场次控制率，因此，提出了基于降雨场次控制率的年污染物总量去除率计算方法为：年污染物总量去除率＝降雨场次控制率＋（1－降雨场次控制率）×（污染物负荷－污染物输出）/污染物负荷。

雨污分流制排水系统在新建区海绵城市建设中较为普遍，但在老城区的海绵城市改造中，通常还需要应对雨污合流制排水系统。当合流制排水系统发生溢流事件时，面源污染携带大量生活污水进入河湖水系，严重影响河湖水质。因此，合流制溢流污染的控制也是海绵城市建设的重点内容。在 GB/T 51345—2008 中，将年均溢流次数作为评价城市水体环境质量的一项重要指标。王文亮等（2018）和赵泽坤等（2018a；2018b）在借鉴美国实践经验的基础上，分别从政策管理和技术方法的角度深入研究了合流制溢流污染控制难题。现状合流制溢流污染物发生规律研究多是基于模型模拟的方法，模拟结果的不确定性和建模过程的局限性较大。因此，有必要从水量水质的角度入手，在提升监测数据质量的基础上，深入研究合流制溢流污染与降水特征、海绵城市建设等因素的相关关系，进而提出符合我国实际的合流制溢流管控方案（Taghipour 等，2019；Mailhot 等，2015）。

2.4.4　海绵城市建设区的蒸散发过程

2.4.4.1　土壤水对蒸散发的影响规律

海绵城市建设将外排径流调蓄在海绵设施内部，转化为海绵设施的土壤水，随后或是通过蒸散发过程返回大气，或是通过深层渗漏进入地下水系统。因此，较传统城市建设区而言，海绵城市建设在一定程度上会增加区域蒸散发量。但目前有关城市区域蒸散发的研究多是从能量平衡的角度进行分析，通过一个综合的阻抗系数反映非充分供水条件下，植被类型、土壤质地、土壤水含量等因素对蒸散发过程的限制作用（Vivoni 等，2008）。有必要从水文过程的角度进一步明晰土壤水对蒸散发过程的限制机理与影响规律，定量分析发生在海绵设施表面的"降水—土壤水—径流—蒸散发"动态转换过程（Wadzuk 等，2015；Brown 等，2015）。

2.4.4.2　海绵城市建设的生态效益

热岛效应是城市建设对区域气候影响的主要特征之一，海绵城市建设降低了传统城市建设区不透水下垫面比例，增加了土壤湿度和蒸散发量，能够有效缓解城市热岛效应，具有显著的生态效益（肖荣波等，2005；Mao 等，2017）。但目前针对海绵城市建设生态效益的研究多集中在透水铺装、生物滞留设施和绿色屋顶等点尺度海绵设施，如何利用点尺度研究成果支撑区域尺度海绵城市生态效益的评估，是未来相关研究工作的重点。因此，有必要将点尺度气象要素监测数据与基于遥感影像获取的区域尺度地温数据进行有效融合，定量海绵城市建设区的生态效益。

海绵城市建设在恢复城市下垫面自然水文特性的同时，也强调对城市河湖水系的治理与生态服务价值的提升。随着我国城市点源污染得到有效控制，面源污染已逐渐成为城市水环境保护和生态提升的首要管控对象（李定强等，2019）。海绵城市建设是缓解城市面源污染的有效途径，一方面提升了进入城市河湖水系的径流水环境质量；另一方面在削减洪峰流量的同时增加径流外排历时，适度恢复了城市水系基流，提升了受纳水体的水环境容量（赵银兵等，2019）。在重点解决城市面源污染的基础上，海绵城市建设需进一步加强与城市流域黑臭水体治理、河道景观提升、河湖水系综合治理等工程的结合，逐步提升城市水环境质量，恢复河道植物及生物群落结构，并最终增强城市水生态系统韧性（胡庆芳等，2017；李兰等，2018）。

2.4.5 海绵城市建设区的地下水回补过程

2.4.5.1 地下渗透与储水能力评估

通过海绵城市建设滞蓄在海绵城市系统内部的雨水径流一部分通过蒸散发返回大气，另一部分通过深层渗漏回补地下水。在研究海绵城市建设的地下水回补过程中，仅分析海绵设施的地表入渗和土壤水分运动过程不足以支撑地下水回补过程，还需要进一步研究海绵设施与地下水系统的水力联系，评估地下水系统的渗透与储水能力，现状海绵城市对地下水影响的监测、模拟与评价等相关研究还较为薄弱。

通过海绵改造，使得土壤表层的渗透性能和持水性能均有利于雨水入渗消纳。但随着入渗过程的持续发展，当湿润锋运动到海绵设施底部的原状土层时，制约入渗速率的不再是表层渗透能力而是地下土层的渗透能力。因此，在评估渗透型海绵设施时，仅分析海绵设施内部的渗透能力仍不够全面，还应综合考虑地下土层渗透能力的制约影响。当海绵设施底部存在相对弱透水层时，单纯依靠地表海绵设施不一定能够满足入渗目标的要求，还需要辅助渗井、辐射井等强化入渗设施。

此外，受水文地质条件的影响，与海绵城市系统水力联系最为紧密的浅层地下水系统具有一定的储水能力上限。当短时间内地表入渗的水量超过这一储水能力时，浅层地下水水位会显著上升，可能会影响建筑地基结构稳定性，引起土壤盐渍化等一系列问题。因此，在进行海绵城市建设区的入渗过程分析时，不仅要考虑海绵设施表层入渗和内部的土壤水分运动过程，还需关注地下水系统储水能力等制约因素。

2.4.5.2 海绵城市建设的地下水文、水环境效应

海绵城市建设强化了城市建设区地表水、土壤水和地下水的水力联系，通过海绵城市设施额外进入地下水系统的这部分径流及可能携带的污染物会引起复杂的地下水文、水环境效应（滕彦国等，2014）。目前针对海绵设施的水量、水质及外排过程开展了大量的研究，而对深层渗漏进入地下水系统的水量、水质及输出过程关注不足，并且缺乏必要的监测手段与研究方法（王兴超，2018；周栋，2017）。有必要在海绵城市建设区针对性开展浅层地下水的水文水质监测分析，并对位于中间过程的包气带进行深入的环境调查。在数据监测分析的基础上，评估海绵城市建设对局地和区域地下水流场的影响，以及海绵设施的污染物迁移转化规律及对地下水环境的影响，并从对地下水的水文、水质与水环境效应角度，提出海绵城市建设的改进建议。

2.5 本章小结

海绵城市是新的城市发展理念，包括了体现"生态优先，绿色发展"理念的大量工程建设实践，涵盖了城市建设的多学科、多领域、多部门。但就海绵城市概念提出的背景而言，其目标主要是在城市化高度发展的过程中，开启统筹"城市化"与"自然化"的城市水系统可持续发展新阶段。为了科学指导海绵城市建设实践，我们从城市水循环的角度系统梳理了海绵城市建设的研究要点及发展方向。

（1）海绵城市系统包括普通下垫面、海绵设施和排水管网。针对海绵设施，应结合设施结构特点，进一步完善降水—入渗—产流过程、分层土壤水运动、初期雨水及污染物截留、污染物迁移转化等关键水文过程的研究成果，定量海绵设施的水文效应。而排水管网作为海绵城市建设区最活跃的水流路径，在未来的研究中需更加重视管网水在海绵城市建设区水文转化中的突出作用。

（2）海绵城市系统主要存在降水和污染物两大输入项。精细化的降水时空演变规律研究，特别是场次降水特征识别，应作为开展海绵城市规划设计的重要基础。此外，虽然海绵城市建设的面源污染减控效果研究成果较为丰富，但多为针对某一特定研究对象的孤立成果，有必要对分散的监测及分析成果进行有效整合，识别其中的共性规律，形成参考利用价值更强的通用性成果。

（3）外排径流与污染物的控制是海绵城市建设的核心目标。在具体的海绵建设实践中，需要在国家发布的指南及标准提供的年径流总量控制率和污染物削减率计算方法的基础上，依据各地区具体的海绵城市建设需求，不断完善上述指标的准确核算方法，更加科学地指导海绵城市规划设计与工程建设。现有实践表明，海绵城市建设能够有效缓解中小强度降水引起的洪涝灾害，但仍需要与灰色基础设施建设和城市流域统筹管理相结合，通过构建不同尺度的海绵城市建设技术体系，综合解决日益凸显的城市极端暴雨

洪涝问题。

（4）从水量平衡的角度，海绵城市建设在减少外排径流量的同时，一定程度上增加区域的蒸散发量和地下蓄水量，提升城市水生态质量。但目前海绵城市建设的生态效益研究多处于定性分析阶段，鲜有定量结论的产出。未来还需要从基础的监测分析工作入手，在完善海绵设施蒸散发及深层入渗机理的基础上，实现由点尺度水文过程研究向区域尺度水文效应评估分析的尺度转换，定量海绵城市系统的生态服务价值。

第 3 章

典型海绵设施水循环过程实验及其水文效应

海绵城市是未来城市建设的重要发展方向，强调恢复城市下垫面对雨水径流的存蓄、入渗和净化等自然功能。针对不同类型城市下垫面特点，选取适宜的海绵设施进行组合应用，能够充分发挥海绵城市建设的源头径流调控与面源污染物削减作用。典型海绵设施包括透水铺装和生物滞留设施等类型，相关学者针对各类海绵设施的运行效果开展了大量实验研究。透水铺装的研究主要关注铺装结构设计和面层材料对径流污染过滤净化作用的影响（李美玉等，2018；王兴桦等，2019；赵远玲等，2020），生物滞留设施的研究主要围绕植物选型、结构优化和填料改良等方面开展分析（高晓丽等，2015；黄静岩等，2017；李家科等，2020）。然而上述研究在实验监测对象上主要针对外排径流量这一关键要素，在分析指标上主要关注径流滞蓄、洪峰削减和洪峰延迟效果，缺乏从水循环的角度系统开展海绵设施的多要素联合监测与综合分析（王浩等，2017；杨默远等，2020）。在降雨过程中伴随着径流的入渗滞蓄，海绵设施中土壤和填料的水分含量逐渐增加，调蓄能力不断降低。降雨结束后，海绵设施通过蒸散发过程降低土壤含水量，逐渐恢复其原有的调蓄能力。入渗和蒸散发过程的耦合作用是影响连续运行过程中海绵设施径流减控效果的重要原因，因此迫切需要在传统降雨、径流监测分析的基础上，补充开展分层土壤水分和蒸散发监测，同时进行关键环节的水质采样分析，实现海绵设施水循环要素全面感知与污染物迁移转化过程的系统监测。

针对海绵设施水文转化过程精细化分析需求，综合运用蒸渗仪、土壤水分传感器、干湿沉降仪、土壤溶液提取装置、水质自动采样器的监测设备，构建了一个包含透水铺装、生物滞留设施和绿色屋顶等实验对象的海绵设施水循环过程综合实验场，实现了降雨—入渗—产流—蒸发与污染物迁移转化过程系统监测。该实验场的建设能够为海绵设施的水循环转化机理、运行效果评估、结构材料优选等多角度研究提供基础实验支撑平台，并为相关实验方案设计提供借鉴，从而服务海绵设施的技术改进与运维管理。

3.1 实验总体布置

实验场设有透水铺装和生物滞留设施 2 个实验区域。其中，透水铺装实验区位于停车场，共设有 6 个透水铺装单元；生物滞留设施实验区位于停车场周围的绿地，共设有 3 个生物滞留设施单元。

3.1.1 透水铺装结构设计

3.1.1.1 实验方案设计

透水铺装被广泛运用于广场、停车场、人行道以及车流量和荷载较小的道路，能有效削减地表径流，维持场地良好的生态环境，削弱降水带来的城市排水和积水压力。透水铺装根据面层材料不同可分为透水砖铺装、透水水泥混凝土铺装和透水沥青混凝土铺装，嵌草砖、园林铺装中的鹅卵石、碎石铺装等也属于透水铺装。透水铺装的常规结构自地表向下为透水面层、透水找平层、透水基层、透水底基层等，透水铺装典型结构示意图如图 3-1 所示。

透水铺装的面层和垫层材料均为影响透水铺装实际渗透能力的主

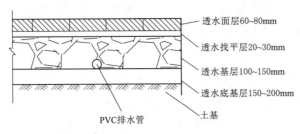

图 3-1 透水铺装典型结构示意图

要因素。因此，实验设计了 4 种应用较广泛的面层材料和 2 种垫层材料，为了探究面层材料和垫层材料对透水铺装的渗透能力影响，并且对透水铺装的水循环过程进行精细化监测，将其中 1 个透水铺装布设在蒸渗仪上。

3.1.1.2 实验布置

选取部分停车场作为透水铺装实验区，每个透水铺装单独为 1 个实验小区，共 6 个透水铺装实验区，各透水铺装实验小区均采用透水混凝土长方砖隔开。其中，透水铺装 I～V 实验小区面积均为 31.68m²（4.8m×6.6m）；透水铺装 Ⅵ 实验小区面积为 50.16 m²（7.6m×6.6m），有 4m²（2m×2m）布设在蒸渗仪上。各透水铺装结构对比见表 3-1。

表 3-1　　　　　　　　　　　　透水铺装结构对比

编 号	面 层 材 料	垫 层 材 料
I	60mm 灰色透水混凝土长方砖	50mmC15 无砂细石混凝土＋200mmC20 透水混凝土＋200mm 碎石土
Ⅱ	60mm 灰色陶瓷透水砖	
Ⅲ	60mm 灰色嵌缝式透水砖	
Ⅳ	60mm 现浇透水混凝土	
V	60mm 灰色透水混凝土长方砖	50mm 1:6 干硬性水泥砂浆＋200mmC20 透水混凝土＋200mm 碎石土
Ⅵ	60mm 灰色透水混凝土长方砖	

1. 透水铺装Ⅰ～Ⅴ的结构设计

透水铺装Ⅰ～Ⅴ的结构均为 50mm 面层、60mm 找平层、400mm 垫层、隔离层（透水土工布）、300mm 换填土层、原状土层，其中 300mm 换填土以下全为原状土层。透水铺装Ⅰ与Ⅴ的面层材料一致，透水铺装Ⅰ～Ⅳ的垫层材料一致。以透水铺装Ⅰ为例，透水铺装Ⅰ～Ⅴ结构如图 3-2 所示。

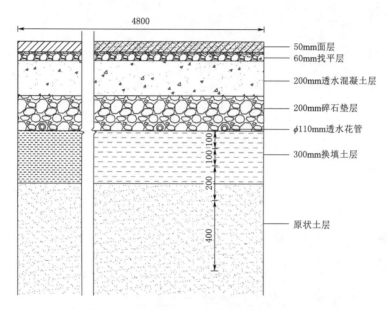

图 3-2 透水铺装Ⅰ～Ⅴ结构（单位：mm）

2. 透水铺装Ⅵ的结构设计

透水铺装Ⅵ的面层材料为透水混凝土，将 4m²（2m×2m）的透水铺装布设在蒸渗仪上，基于蒸渗仪能实现实验闭环监测与设施的蒸发过程监测。透水铺装结构自地表向下依次为 60mm 面层（灰色透水混凝土长方砖）、50mm 找平层（1:6 干硬性水泥砂浆）、400mm 垫层（200mmC20 透水混凝土、200mm 砾石）、依据实际透水铺装的监测环境，将下方厚度为 890mm 的土层也纳入实验监测对象。土层由 300mm 的换填土与 590mm 的原状土组成，两土层之间用透水土工布隔开，透水铺装Ⅵ的结构如图 3-3 所示。

3.1.2 生物滞留设施结构设计

3.1.2.1 实验方案设计

生物滞留设施指在地势较低的区域，通过植物、土壤和微生物系统蓄滞、净化径流雨水的设施。生物滞留设施具有形式多样、适用区域广、易与景观结合的特点。生物滞留设施按结构可分为简易型和复杂型。本书选择的生物滞留设施均为复杂型，其常规结构自地表向下为蓄水层、树皮覆盖层、换填土层、透水土工布（砂层）和砾石层。复杂型生物滞留设施典型构造如图3-4所示。

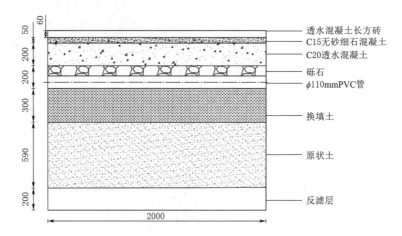

图3-3　透水铺装Ⅵ结构（单位：mm）

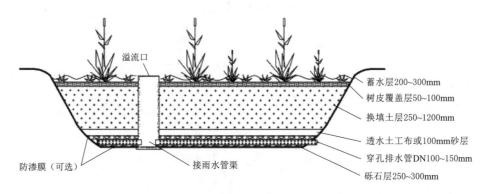

图3-4　复杂型生物滞留设施典型构造

实验共设有3个生物滞留设施。其中，生物滞留设施Ⅰ为常规结构，为了便于分析设施的水循环过程，采用防渗膜将设施与周围环境隔离开，生物滞留设施Ⅰ收集来自屋面的径流；生物滞留设施Ⅱ为倒置结构，即将种植土层和砾石层的埋设位置调换，且也采用了防渗膜实现设施与周围环境隔开，生物滞留设施Ⅱ收集来自不透水路面的径流；生物滞留设施Ⅲ为布设在蒸渗仪上的常规结构，生物滞留设施Ⅲ收集来自屋面的径流。生物滞留设施详细结构见表3-2。

表3-2　　　　　　　　　　　　　生物滞留设施详细结构

参　数	生物滞留设施Ⅰ	生物滞留设施Ⅱ$_a$	生物滞留设施Ⅱ$_b$	生物滞留设施Ⅲ
设施面积/m^2	8	4	4	4
设施外汇水面积/m^2	97	60	60	21
植物种类	鸢尾	马莲		鸢尾
植物种植密度/(株/m^2)	12	12		12

参　　数	生物滞留设施Ⅰ	生物滞留设施Ⅱₐ	生物滞留设施Ⅱ_b	生物滞留设施Ⅲ
蓄水层厚度/mm	200	200		150
树皮覆盖层厚度/mm		50		
种植土层厚度/mm	250（壤土和3mm再生材料体积比为1∶1）	400（5～10mm火山岩）	200（填料层，5～10mm砾石）	300（砂、草炭和黏土体积比为75%、20%和5%）
砾石填料层厚度/mm	250（10mm粒径再生材料）	200（5～10mm砾石）	400（5～10mm火山岩）	300（砂、壤土、蛭石和珍珠岩体积比为75%、10%、5%和10%）
原状土层厚度/mm	防渗膜			400
反滤层厚度/mm				200（混凝土）

3.1.2.2　实验布置

1. 生物滞留设施Ⅰ结构设计

生物滞留设施Ⅰ面积为 8m²，其垂直结构为 200mm 蓄水层、50mm 树皮覆盖层、250mm 种植土层、隔离层（透水土工布）、250mm 填料层、300mm 砾石层和防渗膜。生物滞留设施中填料对地表径流水量削减和水质净化起到关键作用，是发挥生物滞留设施功能的关键因素，生物滞留设施Ⅰ的填料层材料为满足绿色建材特征的再生骨料，再生骨料在海绵城市的应用处于起步阶段，再生骨料的蓄水能力较天然骨料显著提高，再生骨料自身吸水率是天然骨料的数倍，蓄水系数可达到天然骨料的 2 倍以上，再生骨料在海绵城市的应用潜力较大（苏胜奇等，2019）。生物滞留设施Ⅰ结构如图 3-5 所示。

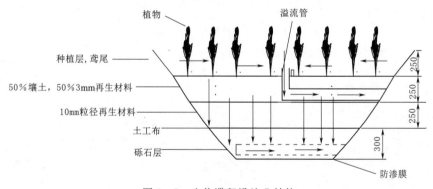

图 3-5　生物滞留设施Ⅰ结构

2. 生物滞留设施Ⅱ结构设计

生物滞留设施Ⅱ面积为 8m²。生物滞留设施Ⅱ采用的是一种倒置的结构，倒置生物滞留设施在径流总量控制率、峰值削减率等比传统生物滞留设施有更好的效果（林宏军等，2019）。生物滞留设施Ⅱ被分为两部分，两部分的区别仅限于种植土层和填料层的上下位置交换。生物滞留设施Ⅱ（未倒置部分）的垂直结构为 200mm 蓄水层、50mm 树皮覆盖层、200mm 填料层、隔离层（透水土工布）400mm 种植土层、300mm 砾石层和防渗膜。生物滞留设施Ⅱ结构如图 3-6 所示。

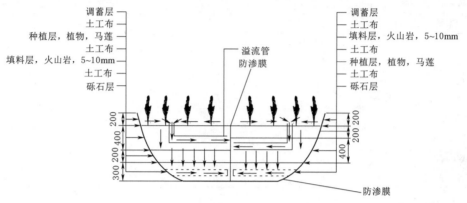

图 3-6　生物滞留设施Ⅱ结构（单位：mm）

3. 生物滞留设施Ⅲ结构设计

为了精准分析生物滞留设施的蒸散发过程，将其布设在方形蒸渗仪称重箱中。根据《指南》，实验所设计的生物滞留设施垂直结构为：200mm 蓄水层（含 50mm 树皮覆盖层）、600mm 换土层（300mm 种植土层、300mm 填料层）、隔离层（透水土工布）、300mm 砾石层（含 ϕ110mmPVC 管）。为了获取可靠的生物滞留设施底部的深层渗漏量，依据实际的生物滞留设施布设环境，将其下方厚 400mm 的原状土层也纳入实验监测对象，生物滞留设施Ⅲ实验监测的剖面结构如图 3-7 所示。生物滞留设施Ⅲ收集来自旁边面积 21m² 的凉亭屋面的雨水径流，由于生物滞留设施面积过小可能导致蒸渗仪称重箱存在较大的边界效应，干扰正常的土壤水分运移路径，影响监测精度。故综合考虑后，最终确定布设于蒸渗仪上的生物滞留设施的面积为 4m²。

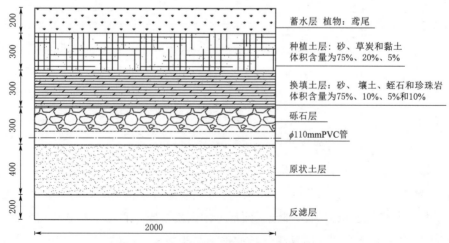

图 3-7　生物滞留设施Ⅲ结构（单位：mm）

3.1.3 典型海绵设施精细化监测

3.1.3.1 气象要素监测

为了精确获取降雨、温度等气象数据，在实验场布设了一个小型气象站，开展风速、风向、降雨、温度、相对湿度等指标的自动监测，并利用蒸发皿获取水面蒸发数据。针对大气干湿沉降过程，布设了一个降水降尘自动采样器，自动收集干沉降与雨水样品后进行水质指标检测。在海绵设施的入流与出流处，均布设了径流自动采样器，能够以发生降雨或开始产流为触发条件，按照5～60min的间隔时间自动进行径流水样的自动采集，以便掌握径流污染的输入和输出过程。

3.1.3.2 透水铺装精细化监测

各透水铺装的集水区独立封闭，需对透水铺装的降雨、地表径流、砾石层出流、土壤湿度变化等水文过程进行监测。透水铺装实验区的监测仪器布设如图3-8所示。

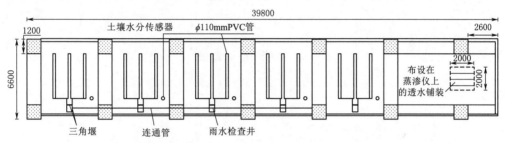

图3-8 透水铺装实验区监测仪器布设（单位：mm）

1. 透水铺装Ⅰ～Ⅴ精细化监测

透水铺装Ⅰ～Ⅴ需监测的水文要素有降雨、地表积水、砾石层出流和土壤湿度。以透水铺装Ⅰ实验小区仪器布设为例，在实验小区的末端开挖了1个监测井，井口是边长0.4m的方形，井深1m，底部铺设了300mm的砾石。透水铺装Ⅰ～Ⅴ除降雨外无其他来水，降雨通过气象站监测数据理论计算获得。为监测实验小区的地表径流过程，通过封闭实验小区的线性排水沟收集雨水并通过监测井中的含压力式水位计的三角堰排出。为充分反映土壤水的变化，在距透水砖面610mm、710mm、910mm和1310mm处均布设了1个土壤水分传感器。通过在砾石层底部布设了一根φ100mm的穿孔管，穿孔管中的水通过监测井中的含压力式水位计的三角堰排出，以此监测透水铺装的砾石层出流过程。5个监测井通过PVC管相互连通，当水位到达一定高度时，水泵自动启动将监测井中的水排出到周围绿地。透水铺装Ⅰ～Ⅴ监测仪器布设如图3-9所示。

2. 透水铺装Ⅵ精细化监测

透水铺装Ⅵ除降雨外需监测的水文要素有砾石层出流、土壤湿度、深层渗漏和蒸发。土壤湿度通过蒸渗仪的称重系统测得，为充分反应土壤水变化，识别土壤层湿度变化规律，在距面层600mm、700mm、900mm、1100mm和1300mm均布设了1个土壤水分传感器。为了监测砾石层的排水情况，在砾石层设置了一根穿孔管，水从铁箱上的开孔流出，并通过 PVC 管与翻斗流量计相连。同理，在反滤层的底部开孔，下渗的水通过开孔排出，开孔与另一个翻斗流量计相连。在两个翻斗流量计下分别放置一个水箱，用于承接翻斗流量计的来水，当水量达到一定值，水泵自动启动将水排出蒸渗仪。设施的蒸发则借助蒸渗仪通过水量平衡计算得到。此外，为了分析透水铺装的污染物的削减效果，在距砖面 260mm、400mm、600mm、700mm、900mm、1000mm、1100mm 和 1300mm 处均布设了土壤溶液提取装置。布设在蒸渗仪的透水铺装Ⅵ监测仪器布设如图 3-10 所示。

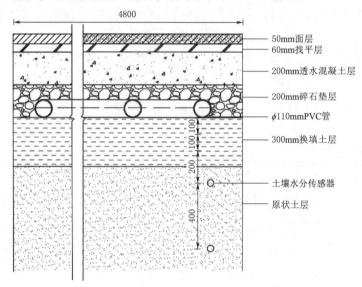

图 3-9　透水铺装Ⅰ～Ⅴ监测仪器布设（单位：mm）

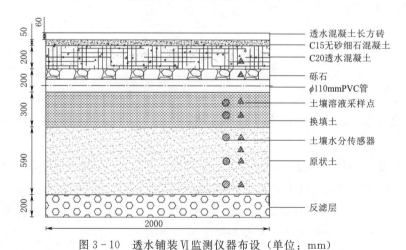

图 3-10　透水铺装Ⅵ监测仪器布设（单位：mm）

3.1.3.3　生物滞留设施精细化监测

1. 生物滞留设施Ⅰ和生物滞留设施Ⅱ精细化监测

生物滞留设施Ⅰ与生物滞留设施Ⅱ除降雨外需监测的水文要素有入流、地表积水、溢流、土壤湿度和砾石层出流。其中，通过含压力式水位计的三角堰监测径流量（屋面、道路）。在生物滞留设施Ⅰ与生物滞留设施Ⅱ旁均布设了监测井，生物滞留设施Ⅱ垂直均分的两部分共用一个监测井。为了监测生物滞留设施的溢流量，在表层土面的中间布设了ϕ110mmPVC溢流管，溢流管的水从低于监测井面300mm的含压力式水位计的三角堰排出，实现对溢流量过程的监测。在靠近溢流管处垂直安装压力式水位计，用于监测地表径流过程。通过距离种植土层顶端5cm和15cm对称布设的土壤水分传感器监测种植土层水分变化。在砾石层底部安放一根ϕ110mm的穿孔管，穿孔管中的水通过监测井中另一个含压力式水位计的三角堰排出，以此监测砾石层出流。两种生物滞留设施的蒸散发量均可通过水量平衡方法计算得到。

2. 生物滞留设施Ⅲ水文过程监测

生物滞留设施需监测的水文要素包括降雨、蓄水层蓄水、砾石层出流、土壤水和深层渗漏。其中，降雨通过HOBO RX3003小型气象站监测，气象站由数据采集器和气象传感器组成，能实现对降雨、风速、温度、湿度等气象要素监测。在生物滞留设施的蓄水层安放一个压力式水位计用于监测蓄水过程，水位计不受外界气压变化及气象要素变化影响，能对水位与温度进行测量。土壤湿度通过蒸渗仪的称重系统监测，为充分反应土壤水变化过程，识别土壤层湿度变化规律，在距离土面100mm、250mm、350mm、450mm、1000mm和1100mm处均布设一个5TE传感器监测土壤湿度，此外，传感器还可用于测定电导率和温度。砾石层出流和深层渗漏均通过翻斗流量计测量。在砾石层安装一根穿孔管，使得砾石层的水可以从铁箱的开孔流出，并通过管道与翻斗相连（翻斗翻转一次，会形成一次脉冲，电脑会记录一次数据）。同理，在铁箱反滤层底部也开了一个孔，通过管道与翻斗相连，使得深层渗漏的水排出并记录其出水过程。设施的蒸散发则借助蒸渗仪通过水量平衡得到。为便于分析生物滞留设施Ⅲ的多层污染物的削减效果，距土面100mm、250mm、350mm、450mm、700mm、1000mm、1100mm和1200mm处布设了土壤溶液提取装置。生物滞留设施监测仪器Ⅲ布设如图3-11所示。

3.1.4 应用前景

所建设的实验场综合实现了海绵设施尺度长时间的水文监测，包括对透水铺装和生物滞留设施2种典型海绵设施降雨、产流等监测难度较小的水文要素监测，同时借助蒸渗仪等设备实现了对土壤水、蒸散发、深层渗漏等监测难度较大的水循环要素的监测，实现对透水铺装、生物滞留设施的水文调控效果分析和水循环全过程分析。

透水铺装选择了4种运用较广泛的面层材料和2种垫层材料，能实现对多种透水铺装的水文调控效果比较分析。布设在蒸渗仪上的透水铺装，在对透水铺装的多层土壤湿度、深层渗漏、蒸发进行监测分析的基础上实现了对透水铺装整个水循环的监测分析。

生物滞留设施实验区共设有3个生物滞留设施，能实现不同类型生物滞留设施的水文调控

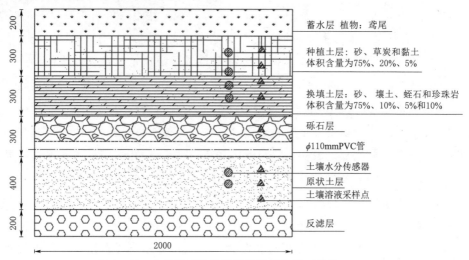

图 3-11 生物滞留设施监测仪器Ⅲ布设（单位：mm）

效果比较。其中 2 个生物滞留设施在结构设计方面将再生骨料填料层和种植土层的上下位置进行互换；另 1 个布设在蒸渗仪上的生物滞留设施，在对生物滞留设施的多层土壤湿度、深层渗漏、蒸散发进行监测分析的基础上实现了对生物滞留设施整个水循环要素的监测分析。

在污染物削减效果方面，实验场布设了降水降尘自动采样器对大气干湿沉降进行监测。透水铺装和生物滞留设施 2 种海绵设施均能实现不同出流时间的污染物削减效果分析。对于布设在蒸渗仪上的透水铺装、生物滞留设施两种设施，我们采取了多层采样的方式，在设施的 8 个不同埋深进行土壤溶液采集，实现了在不同出流时间污染物浓度变化研究的基础上进行设施不同深度的污染物浓度的变化研究。

3.2 基于蒸渗仪的透水铺装水循环过程实验及其水文效应

3.2.1 水文数据处理

3.2.1.1 降雨量

降雨是透水铺装的水循环过程主要输入项，透水铺装的降雨输入形式包括天然降雨和人工降雨。天然降雨量的统计采用日降雨量；人工降雨量采用的均为场次降雨量，但由于在人工降雨实验阶段并未发生天然降雨，因此透水铺装的人工实际场次降雨量等于日降雨量。

3.2.1.2 砾石层出流量和深层渗漏量

深层渗漏和砾石层出流均通过翻斗流量计监测。翻斗容积为 0.08L，因此砾石层出流量和深层渗漏量的计算公式为

$$h_{砾石层出流量} = n_1 V/S \tag{3-1}$$

$$h_{深层渗漏量} = n_2 V/S \tag{3-2}$$

式中　$h_{砾石层出流量}$、$h_{深层渗漏量}$——砾石层出流量和深层渗漏量，mm；

　　　　　n_1、n_2——翻斗流量计翻转次数；

　　　　　　V——翻斗容积，L；

　　　　　　S——透水铺装面积，m^2。

3.2.1.3　土壤湿度

通过蒸渗仪的称重系统测得，称重系统每 0.5h 记录一次数据。计算公式为

$$d = 1000(W_t - W_{t0})/S\rho \tag{3-3}$$

式中　d——土壤湿度，mm；

W_t、W_{t0}——最后和初始时刻的土体水重，kg；

　　　S——透水铺装表层面积，m^2；

　　　ρ——水的密度，kg/m^3。

3.2.2　天然降雨水循环过程量化分析

3.2.2.1　降雨数据

天然降雨监测时间段为 2020 年 4 月 8 日—7 月 27 日，期间降雨场次共 28 场，总降雨量为 210.40mm。根据《降水量等级》（GB/T 28592—2012），以 24h 段划分，大雨 2 场，中雨 4 场，小雨 22 场。天然降雨明细见表 3-3。

表 3-3　　　　　　　　　　　　　　天 然 降 雨 明 细

参　　数	4 月	5 月	6 月	7 月	合　计
总降雨量/mm	18.80	38.6	18.40	134.60	210.40
小雨/场	4	5	6	7	22
中雨/场	0	2	0	2	4
大雨/场	0	0	0	2	2

3.2.2.2　水量平衡分析

透水铺装的水循环输入要素为降雨，输出项为砾石层出流、土壤湿度、深层渗漏、蒸发。监测时间为 2020 年 4 月 8 日—7 月 27 日，总降雨量为 210.40mm，累计深层渗漏量为 158.06mm，平均每日深层渗漏量为 1.42mm/d。透水铺装表面没有产流，其蒸发总量为 40.32mm，日平均蒸发量为 0.36mm/d。土壤含水量增加 12.02mm，日平均土壤含水量增加 0.10mm/d。因此，透水铺装在监测时段内的深层渗漏量、蒸发总量和土壤含水变化量分别占水分损失总量的比例为 75.12％、19.16％和 5.72％。在整个监测时间序列中透水铺装未产生砾石层出流。

进一步按月统计透水铺装的水量平衡过程，4 月总降雨量为 18.80mm，其中深层渗漏量、土壤含水变化量和蒸发总量分别为 9.58mm、3.38mm 和 5.84mm，占透水铺装水分损失总量的比例分别为 50.96％、17.98％和 31.06％。5 月总降雨量为 38.60mm，其

中深层渗漏量、土壤含水变化量和蒸发总量分别为 24.38mm、5.28mm 和 8.94mm，占透水铺装水分损失总量的比例分别为 63.16%、13.68% 和 23.16%。6 月总降雨量为 18.40mm，是降雨最少的月份，同时受到 6 月气温升高，蒸发总量显著增加的影响，土壤含水量呈现减少趋势（土壤含水变化量为 −2.90mm），深层渗漏量和蒸发总量分别为 11.10mm 和 10.20mm，占水分损失总量的 52.11% 和 47.89%。7 月总降雨量最大，为 134.60mm，其中深层渗漏量、土壤含水变化量和蒸发总量分别为 113.00mm、6.26mm 和 15.34mm，占透水铺装水分损失总量的比例分别为 83.95%、4.65% 和 11.40%。

按月统计分析透水铺装深层渗漏量结果表明，透水铺装的深层渗漏量占水分损失总量的比例不小于 50%，蒸发总量占总降雨量的比例不小于 10%。其主要原因是透水铺装的渗透性较好，大部分的雨水将透过包气带补充地下水。从水文循环角度，可以认为透水铺装的主要水分损失项为深层渗漏。蒸渗仪监测透水铺装水循环过程分析见表 3-4。

表 3-4 蒸渗仪监测透水铺装水循环过程分析 单位：mm

参　数	4 月	5 月	6 月	7 月	合计	平均值/(mm/d)
总降雨量	18.80	38.60	18.40	134.60	210.40	1.90
砾石层出流量	0	0	0	0	0	0
深层渗漏量	9.58	24.38	11.10	113.00	158.06	1.42
土壤含水变化量	3.38	5.28	−2.90	6.26	12.02	0.12
蒸发总量	5.84	8.94	10.20	15.34	40.32	0.36

3.2.2.3　土壤湿度变化过程分析

土壤湿度受温度和降雨影响较大，但土壤湿度总体上保持稳定状态。透水铺装面层以下土壤含水率平均值为 0.244~0.260，最大值时间为 7 月 12 日 8:30，对应最大日降雨量 44mm。土壤湿度监测结果表明，土壤湿度的分层效果明显。距透水铺装面层 600mm、700mm、900mm、1100mm 和 1300mm 的五层土壤的含水率分别为 0.267~0.308、0.178~0.239、0.218~0.249、0.261~0.273 和 0.288~0.295。

换填土层位于透水铺装垫层以下，受透水铺装垫层入渗作用影响显著，土壤湿度的变化与降雨过程一致性较好，降雨峰值对应土壤含水率最大值。随着埋深增加土壤含水率呈现减小趋势，第二层（距透水铺装面层 700mm）土壤含水率比第一层（距透水铺装面层 600mm）的土壤含水率减少约 0.090。

原状土主要为砂石含量较高的土壤，其入渗能力较好，因此土壤湿度随着埋深的增加而增加。同时使得换填土层下部和原状土上部存在疏干层，导致第二层的土壤湿度最低。此外，进入原状土层之后，由于埋深较大，土壤湿度与对地面降雨的响应敏感度迅速降低，最底层（距透水铺装面层 1300mm）土壤湿度基本保持稳定，随降雨变化不明显，基本处于接近饱和状态。土壤湿度变化过程如图 3-12 所示。

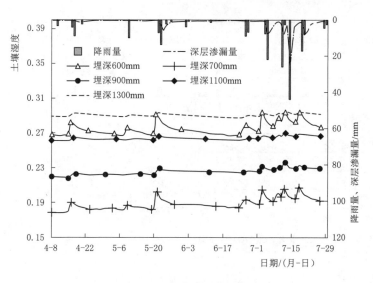

图 3-12　土壤湿度变化过程

3.2.2.4　不同降雨情景下的水量平衡分析

进一步量化不同降雨条件对透水铺装水量平衡过程的影响。在整个监测时间序列中，并未发生降雨等级为暴雨及以上的降雨事件，故研究分析在小雨（24h 降雨量小于 10.00mm）、中雨（24h 降雨量为 10.00～24.9mm）和大雨（24h 降雨量为 25.00～49.90mm）3 种情况下的透水铺装水文过程，包括砾石层出流过程、土壤含水量变化等。选取有代表性的三个时间序列，对应中雨（5 月 7—24 日，33.40mm）、小雨（6 月 13—30 日，16.40mm）、大雨（7 月 7—16 日，72.80mm），选取原则主要以监测时间段发生两场以上对应降雨等级的降雨，不同降雨情景的水量平衡见表 3-5。

结果表明，在小雨、中雨、大雨条件下，随着降雨量的增加，深层渗漏量占透水铺装水分损失的比例显著增加，分别为 37.07%、50.66% 和 91.21%。小雨、中雨、大雨的日平均蒸发量分别为 0.29mm、0.30mm 和 0.61mm。小雨和中雨的日平均蒸发量差别不大的原因是温度的上升。小雨情景日平均蒸散发量小于大雨情景日平均蒸发量是由于降雨量的增加，因此蒸发量的变化受到降雨和温度的综合影响。

表 3-5　　　　　　　　　　　　不同降雨情景的水量平衡　　　　　　　　　　　单位：mm

情景	降雨日期	降雨量	等级	降雨总量	深层渗漏量	土壤贮水变化量	蒸发量
中雨	2020-5-8	10.00	中雨	33.40	16.92	11.15	5.33
	2020-5-20	7.20	小雨				
	2020-5-21	13.80	中雨				
	2020-5-23	2.40	小雨				

续表

情景	降雨日期	降雨量	等级	降雨总量	深层渗漏量	土壤贮水变化量	蒸发量
小雨	2020-6-18	0.40	小雨	16.40	6.08	5.18	5.14
	2020-6-23	0.20	小雨				
	2020-6-24	9.00	小雨				
	2020-6-25	6.80	小雨				
大雨	2020-7-9	26.00	大雨	72.80	66.40	0.28	6.12
	2020-7-10	2.60	小雨				
	2020-7-12	44.00	大雨				
	2020-7-13	0.20	小雨				

3.2.3 人工降雨实验水循环过程分析

3.2.3.1 降雨数据

通过人工降雨实验，分析大雨量情景下透水铺装的水文循环规律，人工降雨量为 10.00～100.00mm，总降雨量 352.25mm，人工降雨场次 9 场，其中暴雨 2 场、大雨 5 场、中雨 2 场，人工降雨量最大和最小降雨量分别为 98.00mm 和 14.25mm。

人工降雨要素见表 3-6。

表 3-6 人 工 降 雨 要 素

场次	时 间	人工降雨量/mm	降雨历时/min	降雨强度/(mm/h)
1	2019-11-12	21.50	60.00	21.50
2	2019-11-15	25.25	60.00	25.25
3	2019-11-16	40.50	60.00	40.50
4	2019-11-18	51.75	60.00	51.75
5	2019-11-20	98.00	60.00	98.00
6	2019-11-21	29.50	60.00	29.50
7	2019-11-25	39.25	60.00	39.25
8	2019-11-26	14.25	60.00	14.25
9	2019-11-27	32.25	60.00	32.25

3.2.3.2 水量平衡分析

在 2019 年 11 月开展了 9 场人工降雨实验（2019 年 11 月 11—29 日），对该时间序列的水循环过程进行分析。人工降雨量平衡分析见表 3-7。其中深层渗漏量占水分损失总量的比例为 90.99%，表明大部分的降雨通过下渗回补地下水，土壤湿度变化不明显，蒸发量占比 7.85%，日平均蒸发量达到了 1.46mm。其主要原因是人工降雨的雨强与降雨量均较大，导致虽然温度较低，透水铺装的蒸发仍较大。在 11 月 20 日发生了砾石层出流事件，但出流量仅有 0.06mm，表明透水铺装在雨强、降雨量较大且降雨较密集的情况下，径流削减效果仍较好。

表 3-7   人工降雨量平衡分析

水循环要素	数量/mm	占比	平均值/mm	水循环要素	数量/mm	占比	平均值/mm
降雨量	352.25	—	18.54	土壤含水变化量	4.03	1.14%	0.21
砾石层出流量	0.06	0.02%	0	蒸发量	27.66	7.85%	1.46
深层渗漏量	320.50	90.99%	16.87				

3.2.3.3 土壤湿度变化过程分析

人工降雨实验下的土壤湿度变化过程如图3-13所示。基于监测结果，距透水铺装最上面的三层（600mm、700mm和900mm）的土壤湿度对降雨的响应剧烈。埋深1300mm的土层虽有波动，但土壤湿度基本保持稳定，其随降雨变化不明显，基本处于饱和状态。埋深600mm、700mm、900mm、1100mm和1300mm各层的土壤含水量变化范围分别为0.278～0.312，0.183～0.276，0.227～0.285，0.268～0.295和0.295～0.304。总体变化趋势与天然降雨趋势相近，各层土壤含水量最小值与天然降雨相差不大，个别层最大值比天然条件有所增大，造成差异的主要原因是人工降雨的雨强比天然降雨雨强大，两种降雨形式下的土壤湿度比较见表3-8。

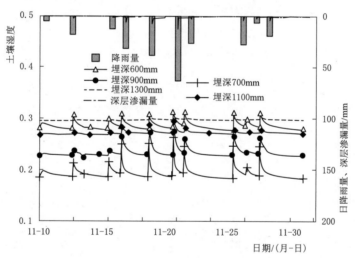

图 3-13 人工降雨实验下的土壤湿度变化过程

表 3-8   两种降雨形式下的土壤湿度比较

埋 深	人 工 降 雨			天 然 降 雨		
	最小值	最大值	平均值	最小值	最大值	平均值
600mm	0.278	0.312	0.286	0.267	0.308	0.275
700mm	0.183	0.276	0.193	0.178	0.239	0.189
900mm	0.227	0.285	0.234	0.218	0.249	0.226
1100mm	0.268	0.295	0.272	0.261	0.273	0.264
1300mm	0.295	0.304	0.298	0.288	0.295	0.291

3.3 基于蒸渗仪的生物滞留设施水循环过程实验及其水文效应

3.3.1 水文数据处理

3.3.1.1 降雨量

生物滞留设施的输入项包括降雨和汇水区的入流水量。HOBO RX3003 小型气象站每间隔 30min 记录一次数据，降雨量的统计采用日降雨量（00：00—次日 00：00）。

3.3.1.2 砾石层出流量和深层渗漏量

深层渗漏和砾石层出流均通过翻斗流量计监测。翻斗容积为 0.08L，因此砾石层出流量和深层渗漏量的计算公式为

$$h_{砾石层出流量} = n_1 V / S \tag{3-4}$$

$$h_{深层渗漏量} = n_2 V / S \tag{3-5}$$

式中　$h_{砾石层出流量}$、$h_{深层渗漏量}$——砾石层出流量和深层渗漏量，mm；

　　　n_1、n_2——翻斗流量计翻转次数；

　　　V——翻斗容积，L；

　　　S——生物滞留设施表层面积，m^2。

3.3.1.3 土壤湿度

通过蒸渗仪的称重系统测得，称重系统半个小时记录一次数据。计算公式为

$$d = 1000(W_t - W_{t0}) / S\rho \tag{3-6}$$

式中　d——土壤湿度，mm；

　W_t、W_{t0}——最后和初始时刻的土体水重，kg；

　　　S——生物滞留设是表层面积，m^2；

　　　ρ——水的密度，kg/m^3。

3.3.2 天然降雨水循环过程实验及其量化分析

3.3.2.1 降雨数据

监测时间段为 2020 年 5 月 1 日—7 月 30 日，共 91 天。期间降雨天数 24d，总降雨量 191.60mm。根据《降水量等级》（GB/T 28592—2012），以 24h 段划分，大雨 2 场，中雨 4 场，小雨 22 场。按月份划分，5 月降雨量 38.60mm，小雨 5 场、中雨 2 场；6 月降雨量 18.40mm，6 场小雨；7 月降雨量 68.80mm，小雨 7 场、中雨和大雨各 1 场。生物滞留设施在监测时段降雨详细见表 3-9。

表 3－9　　　　　　　　　　生物滞留设施在监测时段降雨　　　　　　　　　单位：mm

时　间	降雨量	屋面汇水量	设施总汇水量	降雨等级
2020－5－4	0.40	1.89	2.29	小雨
2020－5－8	10.00	47.25	57.25	中雨
2020－5－20	7.20	34.02	41.22	小雨
2020－5－21	13.80	65.21	79.01	中雨
2020－5－23	2.40	11.34	13.74	小雨
2020－5－25	1.00	4.73	5.73	小雨
2020－5－31	3.80	17.96	21.76	小雨
2020－6－1	0.60	2.84	3.44	小雨
2020－6－10	1.40	6.62	8.02	小雨
2020－6－18	0.40	1.89	2.29	小雨
2020－6－23	0.20	0.95	1.15	小雨
2020－6－24	9.00	42.53	51.53	小雨
2020－6－25	6.80	32.13	38.93	小雨
2020－7－2	7.60	35.91	43.51	小雨
2020－7－3	21.80	103.01	124.81	中雨
2020－7－6	0.20	0.95	1.15	小雨
2020－7－9	26.00	122.85	148.85	大雨
2020－7－10	2.60	12.29	14.89	小雨
2020－7－12	44.00	207.90	251.90	大雨
2020－7－13	0.20	0.95	1.15	小雨
2020－7－17	17.00	80.33	97.33	中雨
2020－7－18	8.00	37.80	45.80	小雨
2020－7－26	4.60	21.74	26.34	小雨
2020－7－27	2.60	12.29	14.89	小雨
合计	191.60	905.38	1096.98	

3.3.2.2　水量平衡分析

对布设在蒸渗仪的生物滞留设施进行水量平衡分析。监测时间为 2020 年 5 月 1 日—7
月 30 日。总汇水量 1096.98mm，其中，生物滞留设施区域降雨量为 191.60mm，凉亭汇
水面约 21m²，根据《室外排水设计规范》(GB 50014—2006) 规定，屋面的径流系数
0.85～0.95，本书取 0.90，因此蒸渗仪汇入水量为 905.38mm。累计深层渗漏量为
390.04mm，平均每日深层渗漏量为 4.29mm。其总蒸散发量 713.72mm，日平均蒸散发
7.84mm，土壤含水量减少 7.04mm，砾石层出流量 0.20mm。因此，生物滞留设施在监
测时段内的深层渗漏量、蒸散发量和砾石层出流量分别占生物滞留设施水分损失总量的
比例为 35.33％、64.65％和 0.02％。

按月进一步分析，2020 年 5 月生物滞留设施的雨水总汇水量为 220.99mm（包括直接落在生物滞留设施的雨水 38.60mm 和凉亭屋顶汇入水量 182.39mm）。基于监测数据，生物滞留设施的深层渗漏量、土壤湿度变化量和蒸散发量分别为 56.78mm、7.90mm 和 156.31mm，则日平均深层渗漏量、土壤湿度变化量和蒸散发量分别为 1.83mm/d、0.25mm/d 和 5.04mm/d。深层渗漏量和蒸散发量分别占生物滞留设施水分损失总量的比例为 26.65%、73.35%。

2020 年 6 月总汇水量为 105.34mm（包括直接落在生物滞留设施的雨水 18.40mm 和凉亭屋顶汇入水量 86.94mm），由于 6 月进入汛期即使有适量降雨，但仍为降雨较少的月份，同时受到 6 月气温升高，蒸散发量显著增加的影响，土壤水分含量呈现明显减少趋势（土壤湿度变化量为 -27.46mm），深层渗漏量和蒸散发量分别为 6.16mm 和 126.64mm，日平均深层渗漏量和蒸散发量分别为 0.21mm/d 和 4.22mm/d。深层渗漏量和蒸散发量分别占水分损失总量的比例为 4.64% 和 95.36%。

2020 年 7 月总汇水量最大为 770.59mm（包括直接落在生物滞留设施的雨水 134.60mm 和凉亭屋顶汇入水量 635.99mm）。其中深层渗漏量、蒸散发量、土壤含水率变化量和砾石层出流量分别为 327.10mm、430.77mm、12.52mm 和 0.20mm，则日平均深层渗漏量、蒸散发量、土壤含水率变化量和砾石层出流量分别为 10.90mm/d、14.36mm/d、0.42mm/d 和 0.01mm/d。深层渗漏量、蒸散发量和砾石层出流量占水分损失总量的比例为 43.15%、56.82% 和 0.03%。这是由于 7 月气温较高，生物滞留设施的蒸散发能力强，同时充足的水分条件使得其实际日蒸散发量显著增加。

因此，蒸散发是蒸渗仪水量平衡过程中的主要损失项，按月统计结果表明在总降雨量较多的 7 月蒸散发量占水分损失总量的比达到 56.82%，5 月蒸散发量达到了 73.35%。生物滞留设施水分损失受降雨来水影响较大，因此其变化波动比较明显，在降雨量较少的 6 月和充足的 7 月深层渗漏量占比分别为 4.64% 和 43.15%，来水量较适中的 5 月占比 26.65%。由于生物滞留设施蒸散发损失和深层渗漏损失强烈，其土壤湿度变化过程较显著。由于生物滞留设施渗透性较好，同时受到土壤蒸发和植被蒸腾的水分损失作用，在特别干旱降雨时段土壤湿度显著下降，如 2020 年 6 月温度较高蒸散发的热力条件强，同时由于降雨量偏少使土壤湿度显著下降，土壤水分损失量达到 27.46mm。因此，生物滞留设施的降雨损失主要为蒸散发过程，生物滞留设施经包气带渗漏的水可补给地下水，可有效减少降雨产流，起到消减径流量，缓解城市热岛效应的作用。水循环过程分析见表 3-10。

3.3.2.3　土壤湿度变化过程分析

生物滞留设施种植土层、填料层和原状土层的湿度分别为 0.081~0.388、0.104~0.316 和 0.139~0.315。种植土层的土壤湿度最大值出现时间为 7 月 3 日，对应降雨量为 21.80mm；填料层与原状土层土壤湿度最大值出现时间为 7 月 12 日，对应降雨量为 44.00mm。布设在蒸渗仪生物滞留设施土壤湿度见表 3-11。

表 3 - 10 水循环过程分析 单位：mm

月　份	5	6	7	合计
降雨量	38.60	18.40	134.60	191.60
汇水量	182.39	86.94	635.99	905.32
深层渗漏量	56.78	6.16	327.10	390.04
砾石层出流量	0	0	0.20	0.20
地表水位变化量	0	0	0	0
土壤湿度变化量	7.90	−27.46	12.52	−7.04
总蒸散发量	156.31	126.64	430.77	713.72
日均蒸散发量	5.04	4.22	14.36	7.84

表 3 - 11 布设在蒸渗仪生物滞留设施土壤湿度

月份	参数	土　壤　湿　度					
		100mm	250mm	350mm	450mm	1000mm	1100mm
4	最小值	0.167	0.201	0.195	0.279	0.263	0.275
	平均值	0.173	0.206	0.201	0.293	0.264	0.276
	最大值	0.178	0.211	0.209	0.304	0.264	0.276
5	最小值	0.145	0.191	0.184	0.245	0.260	0.272
	平均值	0.171	0.209	0.205	0.284	0.264	0.275
	最大值	0.329	0.301	0.291	0.311	0.289	0.287
6	最小值	0.073	0.093	0.118	0.167	0.261	0.272
	平均值	0.121	0.161	0.167	0.218	0.262	0.274
	最大值	0.254	0.219	0.207	0.295	0.264	0.276
7	最小值	0.137	0.175	0.171	0.216	0.260	0.271
	平均值	0.188	0.224	0.227	0.291	0.268	0.277
	最大值	0.431	0.328	0.293	0.311	0.307	0.292

土壤湿度分层监测结果表明，土壤湿度的分层效果明显。位于种植土层和填料层的 4 层土壤湿度变化趋势大致相同，分别为 0.073～0.431、0.093～0.328、0.118～0.293 和 0.167～0.311，这主要由于填料入渗性能好，土壤湿度与降雨的相关性显著。位于原状土层的 2 层土壤湿度变化不大，且土壤湿度变化趋势一致，分别为 0.260～0.307 和 0.272～0.292，这主要是由于该层是埋深较大和砂石含量较高的原状土层，其入渗能力较好。由于生物滞留设施入渗量显著增加，土壤湿度随着埋深的增加而增加，由于埋深较大，土壤湿度与对地面降雨的相应敏感度迅速降低，底部原状土层（距生物滞留设施土面 1000mm 和 1100mm）的土壤湿度基本保持稳定，随降雨变化不明显，基本处于饱和状态。土壤湿度变化过程如图 3 - 14 所示。

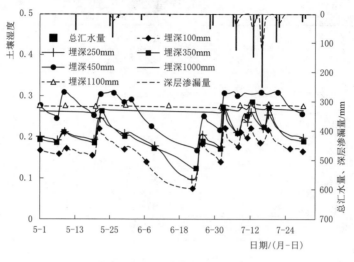

图 3-14 土壤湿度变化过程

3.4 本章小结

（1）真正的海绵城市可以理解为现代的雨洪综合管理，需要十分重视海绵城市建设带来的水文效应，且对其效益进行深层挖掘。水文实验是水文事业的基础性工作。因此，这也体现了该实验场存在的价值及必要性，应让实验场作用得以真正发挥，促进城市的良好发展。按照计划，本书将在这个实验场开展超过 5 年的持续监测与分析工作，能够产出大量详细的监测数据，支撑海绵城市建设的基础理论研究、工程技术创新、运行效果评估、养护管理保障等一系列科研与管理工作，服务北京市乃至全国 2030 年 80% 的建成区面积实现海绵城市建设这一中长期目标。实验场也正处于一个对于社会公众的休憩空间，无形中加大了海绵城市的宣传力度，是一个良好的海绵城市建设社会宣传窗口。

（2）透水铺装的入渗能力和蓄水能力较强，天然降雨和人工降雨时间段日平均蒸发值分别为 0.36mm 和 1.46mm，日平均深层渗漏值分别为 1.42mm 和 16.87mm。透水铺装雨水入渗与蒸发的比例天然降雨接近 3:17，人工降雨接近 12:1，表明透水铺装的水分损失主要为深层渗漏。由天然降雨的三个情景分析可知，随着降雨量的增加，深层渗漏量占水分损失的比例也会增加。

（3）根据天然降雨条件下的水循环分析结果，可知降雨和温度是影响透水铺装蒸发的主要因素。由人工降雨实验结果可知，降雨前期的土壤湿度也能影响土壤蒸发，且透水铺装在雨强较大、降雨较密集的情况下，径流削减效果仍较好。原状土层的上层土壤湿度随降雨变化敏感性较明显，当土壤埋深超过 900mm，土壤湿度与对地面降雨的相应敏感度迅速降低；当土壤埋深超过 1100mm，土壤湿度基本保持稳定，随降雨变化不明显，基本处于接近饱和状态。

（4）根据生物滞留设施的水文监测结果，生物滞留设施在监测时段内的深层渗漏量、蒸散发量和砾石层出流量占水分损失的比例分别为 35.33％、64.65％和 0.02％。可认为生物滞留设施的水分损失主要为蒸散发，生物滞留设施经包气带渗漏的水可补给地下水和有效减少降雨产流，起到消减径流量，缓解城市热岛效应的作用。

（5）生物滞留设施入渗能力强，积水和产流综合受降雨强度、降雨量、前期土壤湿度和降雨历时的综合影响。根据土壤湿度的监测结果，土壤湿度分层效果明显。生物滞留设施的渗透性能较好，种植土层和填料层的土壤湿度变化趋势较一致，且与降雨过程一致性较好，而原状土层的土壤湿度随降雨变化不明显，基本处于饱和状态。

第 4 章

绿色屋顶的降雨径流与蒸散发规律

绿色屋顶能够有效利用屋面的不透水下垫面空间，具有良好的径流调控和污染物削减效果，且生态环境效益显著，是海绵城市建设中的一种重要技术手段，具有较高的推广应用价值。但在实际应用过程中，应充分考虑屋顶承重负荷以及屋顶防水等实际问题，合理开展绿色屋顶的规划建设。相关研究结果表明，绿色屋顶对径流总量的削减效果突出，特别是针对中小强度降雨事件，能够滞蓄大部分降雨，而对于大强度降雨事件，其径流减控效果有限。绿色屋顶径流减控效果的主要影响因素包括基质层厚度、基质组成、植被类型、前期土壤含水量等。特别是在我国北方，气候因素是制约绿色屋顶效益充分发挥和推广应用的最大瓶颈。目前针对绿色屋顶径流减控效果的研究大都存在较高的不确定性和区域局限性，有必要通过开展绿色屋顶水循环过程监测实验，量化绿色屋顶的水文与环境效应。

本书利用实际建设的屋顶，针对可为绿色屋顶提供灌溉水源的平屋顶以及绿色屋顶，研究其降雨径流规律和水质特征。有针对性地构建降雨—径流过程计算模型，进而揭示绿色屋顶的产流规律，定量识别了绿色屋顶建设的径流减控效果与年径流总量控制率，相关成果能够为海绵城市建设中绿色屋顶的规划设计和推广应用提供科学参考。

4.1 实验研究方案

4.1.1 实验布置与材料

4.1.1.1 绿色屋顶降雨径流特征实验

在构建的海绵城市降雨径流综合试验场布置本实验，试验场布置图如图 4－1 所示，场内有 A1、A2、B1、B2、B3、C1 共 6 个模拟屋顶的小区。其中，A1、A2、B1、B2、B3 为 5 个绿色屋顶，C1 为混凝土抹面的平屋顶。绿色屋顶的结构从上至下依次为种植层、基质层和蓄排板。种植层种植佛甲草，佛甲草为景天类多年生肉质草本植物，花期4—5 月，果期6—7 月。株高 10～20cm，3 叶轮生。叶线形，先端钝尖，基部无柄，有短距。耐旱性强，具有一定的耐寒性，是近年来绿色屋顶主要的地被植物之一（马燕等，2009）。基质层由草炭土、蛭石和砂土按 4∶2∶1 的体积比例混合而成。

屋顶径流收集后储存在地下蓄水池中（玻璃钢水箱），各绿色屋顶小区的径流流量过程通过三角堰计量。此外，在 A1 和 B2 屋顶共布设了 8 个基质水分含量监测探头，B3 和 C1 屋顶的三角堰中均配备了水质采样器。

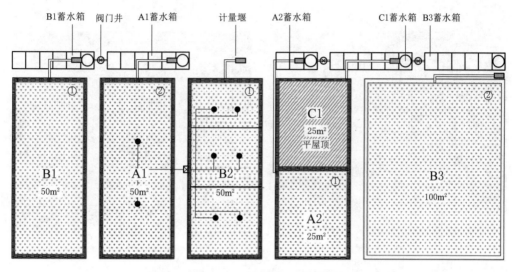

图 4-1　试验场布置图

①、②—排水口

5 个绿色屋顶共采用了两种排水方式：一是排水管排水（排水口形式①）；二是透水砖排水（排水口形式②），排水口形式示意图如图 4-2 所示。排水管排水是指屋顶均配置了两根直径为 25mm 的排水管，降雨发生时需等到基质层中的含水率超过田间持水量之后下渗到蓄排板中，再汇集到出水口附近才开始由排水管排水，如果积水深度超过不透水砖挡墙顶则

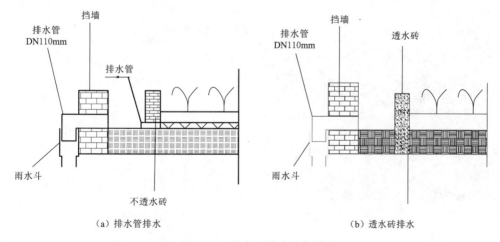

（a）排水管排水　　　　　　　　　（b）透水砖排水

图 4-2　排水口形式示意图

会开始从不透水砖产生地表溢流；透水砖排水是指当基质层中的含水率超过田间持水量就会开始透过透水砖排水，当降雨超过排水能力则开始从砖顶产生地表溢流。

在 B2 屋顶底部设置了含吸水柱的蓄水模块，当降雨发生时，降雨填满屋顶的蓄水模块后，开始产生蓄满产流，或是雨强超过下渗速率使得屋顶表面发生超渗产流。蓄水模块实物图与蓄水模块布设示意图如图 4-3 所示。

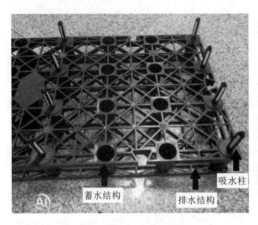

（a）蓄水模块实物图　　　　　　　　（b）蓄水模块布设示意图

图 4-3　蓄水模块实物图与蓄水模块布设示意图

绿色屋顶实验布设综合考虑了实验场地局限、对比研究需求，设置了 A1 利用透水砖排水，面积为 50m²；A2 利用排水管排水，面积为 25m²；B1 利用排水管排水，面积为 50m²；B2 利用排水管排水，面积为 50m²，绿色屋顶底部设置了含吸水柱的蓄水模块；B3 利用透水砖排水，面积为 100m²；A2 利用排水管排水，面积为 25m²。绿色屋顶现场实际照片与屋顶内部结构示意图如图 4-4 所示。

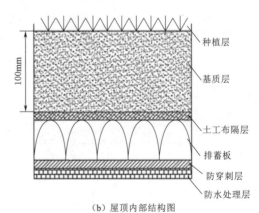

（a）绿色屋顶实景图　　　　　　　　（b）屋顶内部结构图

图 4-4　绿色屋顶现场实际照片与屋顶内部结构示意图

4.1.1.2 绿色屋顶降雨径流模型实验

2014—2016 年，在北京市水科学技术研究院的屋顶平台（东经 39°55′53″，北纬 116°18′44″）开展绿色屋顶长序列降雨—径流过程的实验监测，用于构建绿色屋顶降雨—径流模型，屋顶平面布置示意图如图 4-5 所示。绿色屋顶面积约 65m²，有独立的排水管与流量监测装置。

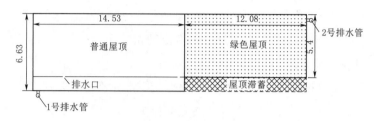

图 4-5　屋顶平面布置示意图（单位：m）

绿色屋顶的结构包括：①种植层，选择佛甲草，具有抗旱节水、隔热降温、易于管理等优点，被广泛应用于屋顶绿化工程中；②基质层，厚度 10cm，采用草炭土、蛭石和砂土混合而成的填料，配比为 4∶2∶1，具有重量轻、透水性好、持水性好、性能稳定、养护方便等特点，底层铺设土工布，防止介质流失；③土工布隔层：厚度 5cm，由轻质塑料制成，均匀布置碗状结构以承载径流，并有排水出口；④防穿刺层：在排水层下铺设 PE 土工膜，防止植物穿透屋顶；⑤防水处理层：在原有屋顶基础上利用改性沥青聚乙烯防水。

降雨数据由自记式翻斗雨量计获得，记录间隔为 1min。利用三角堰法进行屋顶径流的监测，屋顶径流通过雨落管排出后，引入定制加工的三角堰测流箱，通过设置在测流箱内的稳流板缓解水位波动，利用液位计获取三角堰出流水位，根据三角堰计算公式得到最终的屋顶径流量，记录间隔同样为 1min。

4.1.2　试验观测方法

4.1.2.1　降雨径流监测与水样采集

屋面的降雨径流过程采用雨水径流计量设备监测，雨水径流计量设备主要包括压力式水位传感器、数据采集器和计量堰三部分。压力式传感器通过数据采集器记录降雨径流全过程内的水位数据，根据堰流公式计算出流量过程。计量堰尺采用 30°薄壁三角堰，尺寸要求不小于汇水范围内最大设计流量的范围确定。三角堰计算公式参考《明渠堰槽流量计计量检定规程》（JJG 004—2015）中的相关规定，其公式为

$$Q = \frac{8}{15} C \tan \frac{\alpha}{2} \sqrt{2g} \, h_e^{2.5} \tag{4-1}$$

式中　　Q——流量，m³/s；

　　　　C——流量系数，取 0.585；

α——三角堰顶角；

h_e——有效水头，m。

把由三角堰公式计算得到的流量数据（m^3/s）转换为径流深数据（mm/min），从而便于同降雨数据进行比较。

在径流过程中同步采集水样，从产生径流的起始时刻就开始采集，按照最初 30 分钟内间隔 5min，后 30 分钟内间隔 10min，此后间隔 15～60min，直到径流结束进行采样。检测指标包括 TN、NH_3-N、TP、COD、SS 等 5 项指标。

4.1.2.2 屋顶基质水分监测

本书将采用 FDR（KZ-SMS-10）土壤水分传感器进行屋顶基质含水率的实时监测，在 A1 和 B2 屋顶共布设了 8 个基质水分含量监测探头。

4.1.3 分析方法

为了研究不同排水口形式对绿色屋顶径流规律的影响，对两种排水口形式的绿色屋顶在不同降雨情况下的径流系数、径流控制率、产流延迟时间、峰值削减率、峰值延迟时间五个参数进行比较分析。此外，为了研究蓄水模块对绿色屋顶径流规律的影响，对有无蓄水模块情况下屋顶在不同降雨情况下的径流系数、径流控制率、产流延迟时间、峰值削减率和峰值延迟时间五个参数进行比较分析。各个径流调控参数的计算公式为

$$径流系数＝屋顶产流量/降雨量 \tag{4-2}$$

$$径流控制率＝(1-径流系数)\times100\% \tag{4-3}$$

$$产流延后时间＝产流开始时刻-降雨开始时刻 \tag{4-4}$$

$$峰值削减率＝1-(最大径流流量/最大雨强)\times100\% \tag{4-5}$$

$$峰值延后时间＝径流洪峰时刻-降雨洪峰时刻 \tag{4-6}$$

同步进行水质采样与化验，分析绿色屋顶关键污染物的平均浓度、污染物削减系数等参数的变化规律。

4.2 绿色屋顶的降雨径流特征分析

4.2.1 降雨特征分析

绿色屋顶、下沉式绿地等雨水渗透设施的排空时间约为 12h（James 等，2014；彭媛媛，2020），因此本书将前后间隔不超过 12h 的降雨视为同一场降雨。2020 年 5—10 月一共监测到了 41 场降雨，总降雨量为 572.4mm，降雨特征见表 4-1。降雨主要集中在主汛期 7 月、8 月，分别为 218.6mm 和 244.4mm，分别占监测期总降雨量的 38.19% 和 42.70%。试验期最大降雨时间发生在 2020 年 8 月 12 日，历时 1025min，降雨量为

142.6mm。为便于进行定量分析，根据《降水量等级》（GB/T 28592—2012）将监测到的各场次降雨按照其降雨时段内的降雨量大小分为小雨（0.1～9.9mm）、中雨（10～24.9mm）、大雨（25～49.9mm）、暴雨（50～99.9mm）和大暴雨（≥100mm）5个等级，在试验期内监测到的降雨共有 28 场小雨、6 场中雨、4 场大雨、1 场暴雨和 1 场大暴雨。

表 4-1 试验期内降雨特征表

降雨起始时间	降雨终止时间	降雨历时/min	降雨量/mm	降雨等级	前期干旱天数/d
2020-5-4 5：00	2020-5-4 5：30	30	0.4	小雨	14.40
2020-5-8 0：00	2020-5-8 19：30	1170	10	小雨	3.77
2020-5-20 22：00	2020-5-21 1：30	210	6.6	小雨	12.10
2020-5-21 15：40	2020-5-21 16：30	50	13.4	中雨	0.59
2020-5-23 3：00	2020-5-23 6：30	210	2.4	小雨	1.44
2020-5-25 12：30	2020-5-25 13：00	30	1	小雨	2.25
2020-5-31 7：00	2020-5-31 8：00	60	3.8	小雨	5.75
2020-6-1 18：30	2020-6-1 19：00	30	0.6	小雨	1.44
2020-6-10 6：00	2020-6-10 8：30	150	1.4	小雨	8.46
2020-6-18 18：30	2020-6-18 19：00	30	0.4	小雨	8.42
2020-6-23 5：30	2020-6-23 6：00	30	0.2	小雨	4.44
2020-6-24 19：00	2020-6-24 20：00	60	9	小雨	1.54
2020-6-25 17：00	2020-6-25 22：30	330	6.8	小雨	0.88
2020-7-2 10：30	2020-7-3 1：30	900	21.4	中雨	6.50
2020-7-3 17：00	2020-7-3 18：00	60	8	小雨	0.65
2020-7-6 18：30	2020-7-6 19：00	30	0.2	小雨	3.02
2020-7-9 4：00	2020-7-9 17：00	780	26	大雨	2.38
2020-7-10 20：00	2020-7-10 22：00	120	2.6	小雨	1.13
2020-7-12 5：00	2020-7-13 2：00	1260	44.2	大雨	1.29
2020-7-17 19：00	2020-7-18 1：30	390	17.8	中雨	4.71
2020-7-18 19：00	2020-7-18 21：00	120	7.2	小雨	0.73
2020-7-26 6：30	2020-7-27 8：30	1560	7.2	小雨	7.40
2020-7-31 15：00	2020-7-31 16：30	90	84	暴雨	4.27
2020-8-1 17：00	2020-8-1 17：30	30	0.2	小雨	1.02
2020-8-5 13：25	2020-8-5 15：25	120	6	小雨	3.83
2020-8-9 2：35	2020-8-9 2：40	5	0.2	小雨	3.47
2020-8-9 21：05	2020-8-9 21：50	45	16.2	中雨	0.77
2020-8-12 12：10	2020-8-13 5：15	1025	142.6	大暴雨	2.60
2020-8-15 11：40	2020-8-15 11：45	5	0.2	小雨	2.27
2020-8-16 22：05	2020-8-16 22：10	5	0.2	小雨	1.43
2020-8-18 8：30	2020-8-18 18：40	610	30.6	大雨	1.43
2020-8-23 18：20	2020-8-24 6：35	735	34.2	大雨	4.99

续表

降雨起始时间	降雨终止时间	降雨历时/min	降雨量/mm	降雨等级	前期干旱天数/d
2020-8-31 4：10	2020-8-31 10：25	375	14	中雨	6.90
2020-9-1 16：00	2020-9-1 16：15	15	6.6	小雨	1.23
2020-9-2 15：40	2020-9-2 16：10	30	8.2	小雨	0.98
2020-9-14 7：35	2020-9-14 7：40	5	0.2	小雨	11.64
2020-9-15 10：45	2020-9-15 13：55	190	3.4	小雨	1.13
2020-9-23 7：05	2020-9-24 7：20	1455	22.6	中雨	7.72
2020-9-28 23：15	2020-9-29 13：40	865	9	小雨	4.66
2020-10-1 1：55	2020-10-1 7：00	305	3.2	小雨	1.51
2020-10-31 6：55	2020-10-31 7：00	5	0.2	小雨	30.00

在试验监测期内，绿色屋顶产生降雨径流的降雨事件共有7场，分别是2020年的7月12日降雨、7月17日降雨、7月18日降雨、7月31日降雨、8月12日降雨、8月18日降雨和8月23日降雨。

4.2.2　绿色屋顶的径流参数计算

绿色屋顶在所有发生降雨径流的场次降雨的情况下的径流系数、径流控制率、产流延迟时间、峰值削减率、峰值延迟时间等参数的计算结果见表4-2。7月17日降雨情况下所有的绿色屋顶产流均在1mm以下，A2屋顶未产流。为避免其数据对分析结果造成偏差，后续研究分析时不对这一场次降雨进行深入分析，所有6种绿色屋顶形式在6场降雨情况下的降雨径流特征见表4-2。

表4-2　　　　　　　　　各屋顶径流调控指标计算表

日期、降雨量	屋顶(雨水口形式、面积/m²)	径流总量/mm	径流系数	径流控制率/%	产流延后时间/min	峰值削减率/%	峰值延后时间/min
7月12日降雨44.2mm	C1	40.93	0.93	7.4	55	35.72	5
	A1(②、50)	18.31	0.41	58.57	65	71.3	10
	A2(①、25)	7.56	0.17	82.9	65	76.54	10
	B1(①、50)	13.22	0.3	70.09	60	83.96	10
	B2(①、50)	0	0	100	—	100	—
	B3(②、100)	16.31	0.37	63.1	85	93.64	5
7月17日降雨17.8mm	C1	7.07	0.4	60.28	140	74.52	5
	A1(②、50)	0.14	0.01	99.21	215	99.72	110
	A2(①、25)	0	0	100	—	100	—
	B1(①、50)	0.29	0.02	98.37	210	99.72	200
	B2(①、50)	0	0	100	—	100	—
	B3(②、100)	0.048	0	99.73	315	99.92	275

续表

日期、降雨量	屋顶(雨水口形式、面积/m²)	径流总量/mm	径流系数	径流控制率/%	产流延后时间/min	峰值削减率/%	峰值延后时间/min
7月18日 降雨7.2mm	C1	3.59	0.2	50.14	10	49.1	10
	A1(②、50)	0.84	0.12	88.33	15	81.94	10
	A2(①、25)	0.015	0	99.79	40	99.66	25
	B1(①、50)	1.01	0.14	85.97	10	81.94	10
	B2(①、50)	0	0	100	—	100	—
	B3(②、100)	0.93	0.13	87.08	10	96.22	20
7月31日 降雨84mm	C1	81.37	0.97	3.13	5	29.9	15
	A1(②、50)	35.99	0.43	57.17	30	74.63	20
	A2(①、25)	27.23	0.32	67.58	30	78.56	20
	B1(①、50)	24.05	0.29	71.37	25	92.43	15
	B2(①、50)	0	0	100	—	100	—
	B3(②、100)	30.04	0.36	64.24	30	87.8	15
8月12日 降雨142.6mm	C1	139.33	0.98	2.29	5	38.99	15
	A1(②、50)	83.13	0.58	41.7	130	70.67	505
	A2(①、25)	57.95	0.41	57.95	135	71.72	475
	B1(①、50)	63.86	0.45	55.22	130	59.09	500
	B2(①、50)	50.1	0.35	64.87	575	45.12	585
	B3(②、100)	77.39	0.54	45.73	140	80.24	505
8月18日 降雨30.6mm	C1	14.09	0.46	53.95	10	32.84	0
	A1(②、50)	4.46	0.15	85.42	90	87.09	310
	A2(①、25)	0.06	0.002	99.8	95	98.87	320
	B1(①、50)	1.75	0.06	94.28	90	98.33	5
	B2(①、50)	0	0	100	—	100	—
	B3(②、100)	5.22	0.17	82.94	95	94.5	315
8月23日 降雨34.2mm	C1	33.98	0.99	0.64	130	0	10
	A1(②、50)	2.35	0.07	93.13	470	81.8	85
	A2(①、25)	0.009	0	99.97	475	99.75	30
	B1(①、50)	0.84	0.02	97.54	470	97.67	105
	B2(①、50)	0	0	100	—	100	—
	B3(②、100)	0.76	0.02	97.78	495	96.29	105

　　排水口方式对径流总量的影响显著，排水管排水受不透水砖挡墙拦蓄以及排水能力限制产流总量明显减少。这可能是由于排水管排水的不透水砖挡墙有效增加了绿色屋顶的拦蓄能力，此外，绿色屋顶在产流早期主要受超渗产流机制影响，当发生超渗产流时使用透水砖排水口形式的绿色屋顶更易产流。到后期以蓄满产流机制为主时由于透水砖

排水口形式的透水砖孔隙率在25%左右，其排水面积（800cm^2）远大于排水管的排水口面积（9.81cm^2），所以透水砖排水口形式的径流总量要显著大于排水管排水口形式的径流总量。因此，通过增加拦蓄设施和限制排水能力能够有效拦蓄绿色屋顶产流量。

排水口方式对产流延后时间、峰值削减率和峰值延后时间影响不显著。对比分析A1和B1屋顶在这7场降雨情况下的产流延后时间均在5min以内，开始产流时间相差不明显，这可能是由于绿色屋顶基质层的渗透能力较强，屋顶对降雨的拦蓄主要受初损、基质层导水率的影响，使得绿色屋顶的产流过程无论是地表产流还是透过基质层通过蓄排板产流的时间接近。而排水管排水相比透水砖排水增加了不透水砖挡墙形成的地表的拦蓄能力，使得产流延后时间略有增加。同样的，当面积相同时影响峰值削减率和峰值延后时间的因素也主要是绿色屋顶的初损和基质的导水率，而排水方式不是主导因素。

屋顶面积对产流延后时间和产流峰值削减率的影响是显著的。这是因为各屋顶的径流都需要汇集到排水口处，然后通过排水口连接的计量堰才会开始产生径流数据，所以面积越大产流延后时间会越长。面积为100m^{2}的屋顶的产流延后时间显著大于面积为25m^{2}和50m^{2}的屋顶产流延后时间，表明面积越大差异越明显。同样使得绿色屋顶有效削减了产流的峰值，但对产流总量和峰值延后时间影响不明显。

蓄水模块显著提升了绿色屋顶的径流滞蓄效果。通过场次降雨过程径流拦蓄效果分析可知，蓄水模块的滞蓄作用是十分显著的，基本上可以做到大雨不产流。即使在发生142.6mm的大暴雨时也能控制住64.87%的降水，比未设置蓄水模块的屋顶的产流延时增加了335min，但在这种极端条件下峰值削减率能力有下降。蓄水模块中还配置了吸水柱，当屋顶基质水分含量低于田间持水量时可以向基质层输送水分。且相比于蓄排层，蓄水模块可以蓄滞更多的水分，且不会由于其蓄水作用使得绿色屋顶的基质层水分含量偏高。故而配置了蓄水模块的绿色屋顶基质层下渗速率更快，使得大雨以内场次降雨条件下基本不产流。而8月12日大暴雨时蓄水模块接近蓄满状态，吸水柱也无法加快其基质层水分下渗，且B2屋顶的佛甲草生长情况与覆盖程度均优于其他绿色屋顶，也减弱了基质层入渗能力，而使得当雨强以及降雨量超出一定范围时，其屋顶的峰值削减率减弱。

4.2.3 绿色屋顶的降雨径流规律

将各屋顶在监测期的产流过程与降雨过程对比绘制成图，屋顶产流过程图如图4-6所示。由于7月17日降雨所有绿色屋顶的产流量均不超过0.3mm，故并未绘制这一天的降雨产流过程图。

4.2.3.1 小雨情况下的径流规律

小雨情景下绿色屋顶基本不产流。试验监测期内共发生了28场小雨，绿色屋顶产流的仅有2020年7月18日的7.2mm小雨，且这场小雨的前期干旱天数为0.73d，在7月17日发生的中雨已经使得5个绿色屋顶中的4个产生了降雨径流，说明7月18日雨前绿

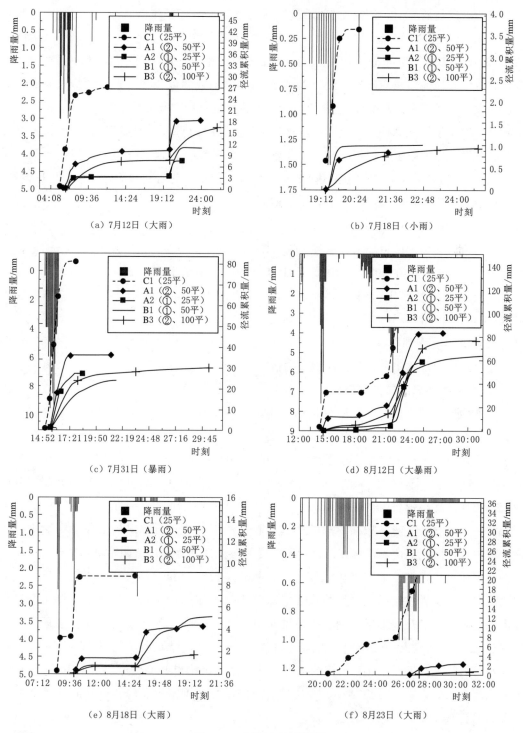

图 4-6　屋顶产流过程图

色屋顶基质层水分含量已达饱和,小降雨量事件也会导致蓄满产流的发生。该场次小雨除配置蓄水模块的 B2 屋顶外,其他绿色屋顶均产生了降雨径流,其中 A2 屋顶产流量仅有 0.015mm,且持续时间较短。A1、B1 和 B3 屋顶的产流量分别为 0.84mm、1.01mm 和 0.93mm,基本上处于同一水平。A1 和 B1 屋顶的产流过程线开始部分基本重合,其产流延后时间和峰值削减率基本一致。B3 屋顶的峰值削减率以及径流过程的持续时间比其他屋顶大。其面积是 A1 和 B1 屋顶的 2 倍,虽然径流总量和其他屋顶接近,但是 B3 屋顶实际产生的水量却是 A1 和 B1 屋顶的 2 倍。因此,在绿色屋顶的基质层含水量接近饱和的情况下发生的小雨也会使绿色屋顶产生径流,此时绿色屋顶的降雨径流控制率仍能达到 85%~100%,峰值削减率也可达 80%~100%,但由于此时的基质含水量已接近饱和,故而在产流延后和峰值延后控制上有所不足。

4.2.3.2　中雨情况下的径流规律

中雨情景下绿色屋顶降雨径流控制率与洪峰削减率为 98%~100%。试验监测期内共发生了 6 场中雨,仅在 2020 年 7 月 17 日的 17.8mm 中雨发生产流,其前期干旱天数为 4.71 天,这场降雨的上一场降雨为 7 月 12 日发生的 44.2mm 大雨。在 7 月 17 日的中雨过程仅 A1、B1 和 B3 分别产生了 0.14mm、0.29mm 和 0.048mm 降雨径流,降雨径流控制率与峰值削减率都在 98%~100% 之间。因此,绿色屋顶对中雨的降雨控制率效果明显,也是在屋顶基质水分含量接近饱和的情况下才会产生降雨径流。

4.2.3.3　大雨情况下的径流规律

大雨情景下产流量主要受降雨量的影响,同时受雨型影响产流机制和产量表现出一定的区别。试验监测期内共发生了 4 场大雨,有 3 场降雨除了 B2 屋顶外的绿色屋顶均形成了产流,另外,7 月 9 日降雨量为 26mm 是 4 场降雨量中最小的场次未产流。有产流的 3 场降雨分别是 7 月 12 日 44.2mm、8 月 18 日 30.6mm 和 8 月 23 日 34.2mm,场次降雨净流总量从大到小依次为:7 月 12 日 > 8 月 18 日 > 8 月 23 日。7 月 12 日和 8 月 18 日的降雨均属双峰雨型,前峰降雨形成的产流以超渗产流为主,后峰降雨形成的产流则以蓄满产流为主,因此,两场降雨产流过程同时受超渗产流和蓄满产流两种机制影响。8 月 23 日的降雨属单峰雨型,前期降雨强度较小,基质层接近饱和,场次降雨形成产流过程应以蓄满产流机制为主。因此,发生大雨时绿色屋顶产流的概率较大,降雨量越大产流量越大,同时雨强以及基质层前期含水量的影响也不容忽视,若基质层前期含水量较低且雨强较大,则绿色屋顶的产流过程以超渗产流为主。绿色屋顶的径流控制率可达 58.57%~100%,未发生超渗产流的情况下的峰值削减率以及峰值延后时间都表现良好。若发生超渗产流,则径流控制率、产流延后时间、峰值削减率、峰值延后时间等径流调控参数都会有所降低。

4.2.3.4　暴雨及大暴雨情况下的径流规律

在暴雨情景下绿色屋顶的径流控制率为 57%~72%。试验监测期内共发生了 1 场暴雨，7月31日发生暴雨时除 B2 屋顶外所有的绿色屋顶均产生了降雨径流，此次降雨产生了降雨径流的绿色屋顶的径流控制率为 57％～72％，雨前各个屋顶的基质水分含量、植被密度存在一定差异，但几乎在同时发生了产流，相比平屋顶延迟了 20～25min，峰值削减率达 74％～93％，峰值延后时间都在 15～20min 之间，与平屋顶处于同一水平。表明在暴雨且雨强较大时，绿色屋顶在径流调控参数方面的表现均会下降，在产流延后时间和峰值延后时间方面的表现和混凝土屋面相近，在径流控制和峰值削减方面的表现虽有所下降但仍表现良好。

在大暴雨情景下绿色屋顶的径流控制率为 41％～65％。试验监测期内共发生了 1 场暴雨，8月12日发生大暴雨时所有的绿色屋顶均产生了降雨径流，降雨雨型为双峰，除 B2 外的其他屋顶均在第一个雨峰时就开始产流，B2 屋顶则是第二个雨峰时才开始产流。此次大暴雨虽然降雨量是最大的，但是相比暴雨来说，降雨分布并不集中，最大雨强也较小。故而此次降雨过程中所有屋顶的产流延后时间和峰值延后时间较明显。但径流控制和峰值削减率方面表现一般，一是因为降雨量增加了近 60mm，二是降雨后峰时除 B2 外所有的屋顶都有产流，表明基质层含水率都达到了饱和，故而其峰值削减率方面表现一般。

4.2.4 屋顶水质特征分析

本书对屋顶降雨径流水质进行了 4 次检测，每次分别对平屋顶 C1 和绿色屋顶 B3 的径流水质取样然后送检，送检径流水质的相关降雨及径流数据见表 4-3。

表 4-3　　　　　　　　　送检径流水质的相关降雨及径流数据表

屋顶	参数	起始时间	结束时间	历时/min	降雨量/径流量/mm	径流系数	控制率/％
	降雨	2020-7-12 5：00	2020-7-13 2：00	1260	44.2		
C1	径流	2020-7-12 5：55	2020-7-12 22：05	970	43.08	0.97	2.53
B3	径流	2020-7-12 6：30	2020-7-13 11：55	1765	16.31	0.37	63.10
	降雨	2020-7-31 15：00	2020-7-31 16：30	90	84		
C1	径流	2020-7-31 15：00	2020-7-31 17：55	175	81.37	0.97	3.13
B3	径流	2020-7-31 15：25	2020-8-1 4：10	765	30.04	0.36	64.24
	降雨	2020-8-12 12：10	2020-8-13 5：15	1025	142.6		
C1	径流	2020-8-12 12：15	2020-8-13 1：00	765	139.33	0.98	2.29
B3	径流	2020-8-12 14：35	2020-8-13 6：00	925	77.39	0.54	45.73
	降雨	2020-8-23 18：20	2020-8-24 6：35	735	34.2		
C1	径流	2020-8-23 20：35	2020-8-24 7：05	630	33.93	0.99	0.79
B3	径流	2020-8-24 2：45	2020-8-24 7：05	260	0.76	0.02	97.76

为了量化场次降雨径流污染过程的污染程度，本书采用污染物的流量加权平均浓度即总污染量与总径流量的比值（Event Mean Concentration，EMC）来定量表述一次降雨径流过程的污染物负荷特征。平屋顶 C1 和绿色屋顶 B3 的径流污染物加权平均浓度见表 4-4。

表 4-4　　　　　平屋顶 C1 和绿色屋顶 B3 的径流污染物加权平均浓度表　　　　单位：mg/L

日　　期	NH_3-N	TP	TN	COD	SS
7 月 12 日降雨	0.19	0.12	4.38	9.00	24.67
7 月 12 日 C1	0.37	0.14	4.69	19.53	62.70
7 月 12 日 B3	0.71	0.34	12.92	214.56	12.44
7 月 31 日降雨	1.89	0.06	3.65	28.50	—
7 月 31 日 C1	1.58	0.07	2.96	12.08	72.34
7 月 31 日 B3	0.72	0.26	8.61	201.81	14.25
8 月 12 日降雨	0.34	—	—	4.00	7.00
8 月 12 日 C1	2.42	—	—	10.03	5.86
8 月 12 日 B3	0.76	—	—	174.97	5.95
8 月 23 日降雨	1.01	0.08	3.92	13.72	—
8 月 23 日 C1	0.56	0.05	1.74	10.62	5.20
8 月 23 日 B3	0.36	0.05	2.39	118.96	8.50

注　标"—"的表示未测量。

绿色屋顶的 SS 浓度显著减少，COD 增加，NH_3-N、TN 和 TP 呈波动变化。由表 4-4 可知，相比天然降雨水质绿色屋顶对径流水质中 SS 和 COD 的影响相对稳定，而对 NH_3-N、TN 和 TP 的影响表现出一定的不确定性，总体上绿色屋顶使得径流污染物浓度增加。可能因为本书中的绿色屋顶为新建实验设施，而 Berndtsson（2006）与 Bradley（2011）的研究已表明新建成的绿色屋顶的污染物排放量较多。因此，随着绿色屋顶经历的降雨场次逐渐增加其污染物浓度呈现下降趋势，如 7 月 12 日降雨时除了 SS 其他所有径流污染物的 EMC 值均高于天然降雨，而 8 月 23 日降雨时除了 COD 外其他检测到的各项污染物 EMC 值均低于天然降雨，这可能是因为最初的营养负荷可能是由于有机物分解而形成的原始混合物，中后期随着植物生长，植被和基质对径流污染物的吸收和过滤作用会更加明显。

相比平屋顶，绿色屋顶径流水质中的 TP、TN 以及 COD 的含量较高，特别是 COD 为平屋顶的 17～21 倍，但绿色屋顶径流水质中的 NH_3-N 和 SS 的浓度相对平屋顶来说较低。根据《北京城市园林绿地使用再生水灌溉指导书》，平屋顶和绿色屋顶径流水质中的检测污染物浓度指标均达到了景观环境用水的水质标准，可以用作绿色屋顶的灌溉。

进一步分析监测期内 4 场降雨中有 2 场大雨（图 4-7 和图 4-8）、1 场暴雨（图 4-9）和 1 场大暴雨（图 4-10）绿色屋顶的径流污染物输出过程，明确不同降雨情景下径流污染物输出规律。7 月 12 日、8 月 23 日、7 月 31 日和 8 月 12 日平屋顶和绿色屋顶径流污染物输出过程分别如图 4-7～图 4-10 所示。

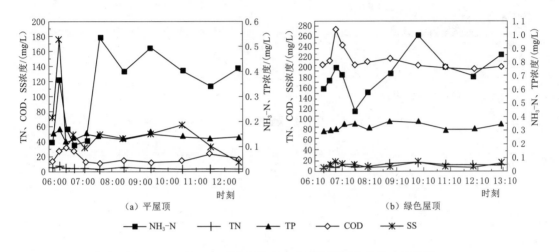

图 4-7　7 月 12 日平屋顶与绿色屋顶径流污染物输出过程图

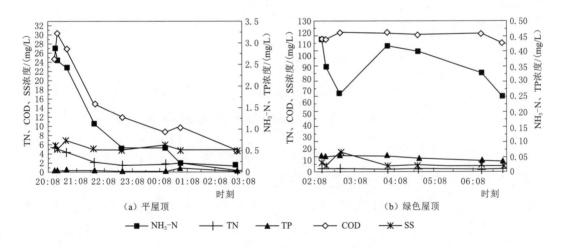

图 4-8　8 月 23 日平屋顶与绿色屋顶径流污染物输出过程图

1. 大雨情况下的污染物输出规律

检测的大雨情况下的径流水质污染物为 7 月 12 日降雨与 8 月 23 日降雨，其中，7 月 12 日降雨时各径流污染物浓度随着时间的变化规律相似，由于溶解冲刷作用，降雨初期的污染物浓度会迅速上升达到峰值（马英等，2011）。平屋顶中的污染物浓度在降雨初期

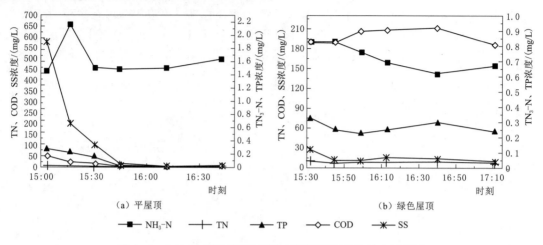

图 4-9　7月31日平屋顶与绿色屋顶径流污染物输出过程图

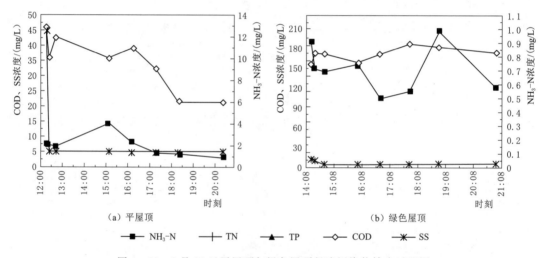

图 4-10　8月12日平屋顶与绿色屋顶径流污染物输出过程图

达到峰值后，虽仍存在一定的起伏但总体上呈下降的趋势。绿色屋顶中的 NH₃-N、TN 和 TP 在后续的变化过程中总体上呈现上升趋势，可能因为此次产流为绿色屋顶建成后首次开展降雨径流实验，对基质中的污染物冲刷作用最为明显，且此次降雨水质在送检的四次降雨中也是污染最严重的。8月23日降雨径流的污染物浓度变化趋势与7月12日过程类似，但总体上各污染物浓度都显著下降。总体上 SS、TN、TP 和 NH₃-N 的浓度变化规律会比较相似，说明 TN、TP 和 NH₃-N 这三种污染物有可能主要是以颗粒吸附的形态存在于径流中，而 COD 的浓度变化规律主要受绿色屋顶基质层有机质含量的影响。

2. 暴雨及大暴雨情况下的污染物输出规律

检测的暴雨与大暴雨情况下的径流水质污染物分别为7月31日降雨与8月12日降

雨。平屋顶的径流污染物浓度变化规律受冲刷作用，降雨初期的污染物浓度迅速上升达到峰值，随后保持逐渐下降的趋势。绿色屋顶的径流污染物浓度中 SS 表现出与平屋顶一样的变化趋势，而 COD 却随着降雨总体上呈上升趋势，NH_3-N、TN 和 TP 的变化表现成一定的波动性。

4.3 绿色屋顶的降雨径流过程模型构建

4.3.1 绿色屋顶实验区降雨过程分析

2014—2016 年绿色屋顶实验区的降雨总量分别为 536.9mm、532.9mm 和 664.5mm，其中汛期（6 月 1 日—9 月 15 日）降水约占年降水的 80%。其中，在 2016 年 7 月 20 日发生了一场极端降雨事件，场次降雨量高达 264.7mm。

2014—2016 年间，绿色屋顶实验点共监测有效降雨事件 174 场，其中小雨 122 场，中雨 27 场，大雨 14 场，暴雨 10 场以及特大暴雨 1 场。通过分析不同等级降雨事件的发生频率与降雨量的占比，可以得出，试验区域降雨事件以小雨～中雨为主，占降雨场次总数的 85% 左右；大雨～特大暴雨场次发生概率虽小，但降雨量占降雨总量的 75% 左右。不同等级降雨场次分布规律如图 4-11 所示。

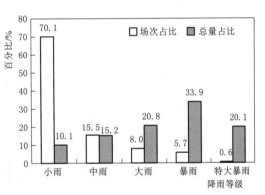

图 4-11 不同等级降雨场次分布规律

4.3.2 绿色屋顶产流规律分析

在所有降雨事件中，绿色屋顶发生产流的共有 33 场，约占总降雨场次的 19%。随着降雨等级的增加，绿色屋顶的产流概率逐渐增加，对于小雨事件，绿色屋顶基本不产流（122 场中仅产流 3 场），对于暴雨以上等级的降雨事件，绿色屋顶均有径流形成。随着降雨量的增加，绿色屋顶的径流系数也在逐渐增加，对于暴雨和特大暴雨，绿色屋顶的径流系数分别为 0.35 和 0.44，与《室外排水设计标准》（GB 50014—2021）中绿色屋顶的径流系数取值（0.3～0.4）较为一致。产流规律统计见表 4-5。不同等级降雨产流概率与径流系数统计如图 4-12 所示。

总体而言，绿色屋顶对小雨和中雨具有明显的水量滞蓄效果，基本没有径流产生，对暴雨和特大暴雨的水量滞蓄效果有明显降低，但仍能滞蓄 60% 左右的降雨量。针对 3 年监测到的所有降雨场次，绿色屋顶的年平均径流系数为 0.23，即进行绿色屋顶建设后，屋面的年径流总量控制率能够达到 77%。

表 4 – 5   产 流 规 律 统 计 表

降雨等级	降雨发生次数	绿色屋顶产流次数	产流场次/总降雨场次	降雨总量/mm	径流总量/mm	径流系数
小雨	122	3	2.5%	132.9	0.47	0
中雨	27	12	44.4%	200.2	3.63	0.02
大雨	14	7	50.0%	274.4	25.74	0.09
暴雨	10	10	100.0%	447.4	156.55	0.35
特大暴雨	1	1	100.0%	264.7	117.31	0.44
合计	174	33	19.0%	1319.6	303.7	0.23

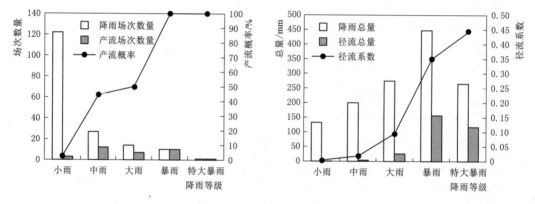

图 4 – 12   不同等级降雨产流概率与径流系数统计

4.3.3   基于典型场次的绿色屋顶径流减控效果分析

在绿色屋顶发生产流的 33 场降雨场次中,选择数据完整且代表性较高的 20 场实验监测数据,用以分析绿色屋顶的径流减控效果。20 场降雨场次中,共包括中雨 5 场、大雨 5 场、暴雨 9 场以及特大暴雨 1 场。场次降雨历时多集中在 1~5h,主要为短历时高强度降水。典型场次绿色屋顶产流特征值统计见表 4 – 6。

表 4 – 6   典型场次绿色屋顶产流特征值统计表

场次编号	降雨等级	降雨总量/mm	降雨历时/h	雨前干期/d	径流总量削减率/%	洪峰流量削减率/%	初损历时/min	洪峰滞时/h
2014.06.10	中雨	14.50	0.42	3	99.0	99.0	20	10
2014.06.17	暴雨	44.30	1.67	2	60.4	45.7	35	5
2014.07.16	暴雨	30.70	1.42	1	66.2	66.2	10	0
2014.08.30	大雨	21.00	1.75	7	92.3	93.4	0	0
2014.08.31	暴雨	37.80	2.08	1	50.4	47.9	15	0
2015.06.26	暴雨	33.20	2.67	1	84.8	78.8	75	5
2015.06.27	暴雨	33.50	1.00	1	50.1	56.4	10	0

续表

场次编号	降雨等级	降雨总量 /mm	降雨历时 /h	雨前干期 /d	径流总量削减率 /%	洪峰流量削减率 /%	初损历时 /min	洪峰滞时 /h
2015.06.29	中雨	8.30	2.25	3	96.9	98.3	35	35
2015.07.27	暴雨	54.80	4.58	1	54.4	36.3	15	0
2015.08.01	中雨	9.70	1.00	1	88.6	93.5	10	25
2015.08.07	暴雨	52.00	1.58	1	54.7	63.3	0	10
2016.07.19	大雨	27.80	13.42	5	92.8	91.5	360	15
2016.07.20	特大暴雨	264.70	26.75	1	55.7	53.3	15	0
2016.07.25	中雨	11.80	3.42	5	96.3	96.9	155	25
2016.07.27	大雨	24.30	2.42	2	84.3	87.0	5	0
2016.07.30	暴雨	62.20	4.25	3	61.2	52.6	150	20
2016.08.06	中雨	12.10	1.00	6	99.6	99.1	25	5
2016.09.22	大雨	28.70	10.42	4	95.0	95.6	95	0
2016.09.26	大雨	18.00	3.92	4	83.5	89.7	20	80
2016.10.06	暴雨	31.40	18.25	2	87.4	85.9	200	0

绿色屋顶的场次径流总量控制率为 50.1%～99.0%，随着降雨总量的增加，场次径流总量控制率逐渐减少，两者呈幂函数形式的负相关关系。当降雨总量高于 30mm 后，场次径流总量控制率基本在 50%～60% 的变化范围内波动。此外，由于雨前干期直接决定降雨开始时的初始土壤含水量条件，因此影响到场次径流总量控制率，两者呈幂函数形式的正相关。绿色屋顶在控制径流总量的同时，也具有良好的洪峰流量削减效果，且洪峰流量削减效果与径流总量控制效果具有很好的一致性，两者的相关系数为 0.95。场次径流总量控制率与降雨总量和雨前干期关系如图 4-13 所示。场次径流总量控制率与洪峰流量削减率关系如图 4-14 所示。

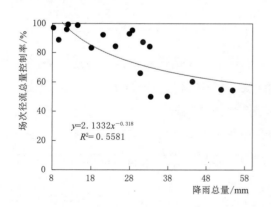
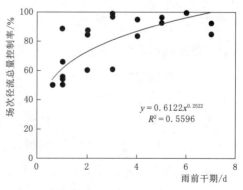

图 4-13 场次径流总量控制率与降雨总量和雨前干期关系

4.3.4 初损量对绿色屋顶径流减控效果的贡献程度

实验数据表明，绿色屋顶的初损过程是其能够有效滞蓄降雨的一项重要原因，在本书的 20 场典型产流场次中，初损占比（初损量与总控制量的比例）最高可达 90%，即有 90% 的降雨入渗量发生在开始产流前的初损阶段，仅有 10% 的降雨入渗量发生在产流阶段。初损占比随降雨总量的增加而减少，两者呈对数函数关系。初损占比与降雨总量关系图如图 4-15 所示。

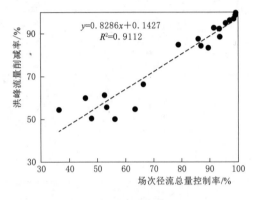

图 4-14　场次径流总量控制率
与洪峰流量削减率关系

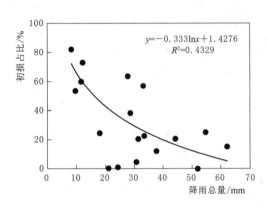

图 4-15　初损占比与降雨总量关系图

上述分析仅针对绿色屋顶产流场次，对于其余降雨场次，其降雨量均消耗于初损过程，因而没有径流形成。综合分析 2014—2016 年的所有降雨场次，初损过程控制了年降雨总量的 51%。参考《海绵城市建设技术指南》（试行）给出的北京年径流总量控制率与设计降雨量的对应关系，51% 的年径流总量控制率大致相当于 10mm 的设计降雨量，即绿色屋顶具有 10mm 的调蓄容积。

4.4　本章小结

（1）排水口形式会对产流量产生较为显著的影响，使用透水砖排水的屋顶的产流量要明显大雨使用排水管排水的屋顶；屋顶面积越大，产流延后时间和洪峰削减率越大；蓄水模块会极大地增强屋顶的调蓄效果。基质含水量越接近饱和，降雨时发生产流的可能性越大。当屋顶产流时，若雨强较小，绿色屋顶未发生超渗产流，那么绿色屋顶的径流调控效果各方面都表现良好；若雨强较大使得绿色屋顶发生了超渗产流，那么其各方面的径流调控效果都会下降。

（2）绿色屋顶的径流污染物存在一定的冲刷效应，且污染物中 SS、TN、TP、NH_4^+-N 等污染物浓度在径流过程中的变化规律较相似，而 COD 与其他污染物浓度变化规律差别较大。

（3）在连续 3 年（2014—2016 年）的降雨—径流监测实验中，共监测 174 场降雨过程，其中绿色屋顶产流 33 次，发生产流的概率为 19％，多发生在大雨及大雨以上等级降雨，绿色屋顶的年径流总量控制率为 77％。随着降雨量的增加，绿色屋顶的径流系数逐渐增加，对于暴雨和特大暴雨，绿色屋顶的径流系数分别为 0.35 和 0.44。

（4）基于 20 场典型降雨—径流过程数据的模拟分析，发现绿色屋顶的场次径流总量控制率普遍在 50％以上，且随着降雨总量的增加，场次径流总量控制率逐渐减少，两者呈幂函数关系。对于"2016.7.20"特大暴雨（264.70mm），场次径流总量控制率为 55.7％，仍有一定的径流减控效果。绿色屋顶同样具有较好的洪峰流量削减效果，洪峰流量削减率与场次径流总量控制率存在较高的一致性，两者的相关系数为 0.95。

（5）绿色屋顶的初损过程是其能够有效滞蓄降雨的一项重要原因，典型场次的初损占比（初损量与总控制量的比例）最高可达 90％，且随着降雨总量的增加而减少，两者呈对数函数关系。初损过程对应的年径流总量控制率约为 51％（2014—2016 年），大致相当于 10mm 的设计降雨量，即绿色屋顶具有 10mm 的调蓄容积。

第 5 章

城市面源污染规律与海绵设施
削减能力评估

为了深入分析城市面源污染特征及海绵设施的污染物削减效果，在全面进行文献调研的基础上，整合文献中的面源污染监测数据成果，综合识别全国范围内典型城市下垫面的面源污染规律，定量了城市面源污染对雨污合流制排水分区雨水径流污染的贡献率。数据资料覆盖我国中东部地区的 37 个市，监测对象包括屋面、道路和绿地等城市下垫面类型，考虑 SS、COD、NH_3-N、TP 和 TN 共 5 种污染物指标。选择在北京海绵城市试点区开展城市面源污染负荷现场采样与检测分析，分公路、公园道路、小区道路等下垫面类型，分类定量了 SS、COD、NH_3-N、TP 及 TN 污染物负荷范围。

基于构建的海绵城市综合实验平台，重点选择透水铺装和生物滞留设施两类典型海绵设施开展了设施尺度不同入流污染物浓度条件下的污染物迁移转化过程研究，精确量化了两种海绵设施的污染物总体削减规律，通过分层监测明确了纵向分层结构对污染物的削减过程，根据其变化过程分析了各层污染物变化的关键控制因素，明确了其相关物理、化学和生物机理过程，研究成果为以污染物削减为目标的海绵设施评价分析提供基础支撑。

5.1 全国城市面源污染特征

5.1.1 城市面源污染研究概况

随着我国对水体污染防治的持续关注，我国主要河流和湖泊的水体污染情况得到有效改善，城市点源污染治理成效显著，但城市面源污染问题日益突出，成为城市水环境进一步提升的主要瓶颈（Barbosa 等，2012；Chen 等，2016；Edwin 等，2010；郑一等，2002）。国外城市面源污染研究起步于 20 世纪 70 年代，1984 年美国国家环境保护局（US EPA）提出，面源污染已成为美国水污染问题的主因（Miller 等，1975），1992 年 US EPA 将城市雨水径流对湖泊和河流的危害程度分别提升至第 2 位和第 3 位（Lee 等，1995）。目前，以美国为代表的西方国家针对面源污染控制问题，已形成了一整套较完善的技术研究和管控体系（Francey 等，2010；Gregoire 等，2011；Kaushal 等，2011；Rissman 等，2015；李春林等，2013）。我国的城市面源污染研究工作始于 20 世纪 80 年代，首先在北京开展了城市径流污染调查研究，随后在上海、天津、南京等城市陆续开展了一系列面源污染研究（Chen 等，2016；代丹等，2018；鲍全盛等，1996；夏青，1982）。2005 年前后，我国城市面源污染研究发展迅速，至今累计发表论文近千篇（欧阳威等，2018）。开展城市面源污染控制研究的基础，是识别现状面源污染特征规律（刘庄等，2015）。因此，现有研究大都是针对不同的城市区域，开展的城市面源污染过程实验监测与成因分析。

城市面源污染存在空间分布广泛、转化环节多样、传输路径复杂、监测资料获取不便等问题，使得相对孤立的研究成果难以支撑我国城市面源污染总体规律识别（Leon 等，2001；贺瑞敏等，2005；孙金华等，2009）。为了整合相对分散的研究成果，侯培强等（2009）汇总了我国 17 个城市的面源污染监测数据，计算了不同城市下垫面的污染物浓度均值并进行初步的对比分析研究；张千千等（2014）提取了我国 6 个典型城市的道路面源污染监测数据，并与国外典型城市的道路面源污染特征进行对比分析；张志彬等（2016）对我国 32 个城市的面源污染监测数据进行系统梳理，对比分析了南方城市和北方城市的屋面和道路雨水径流特征，初步定量了径流污染中的初期雨水效应。李定强等（2019）分析了城市面源污染的主要来源，综述了典型低影响开发措施的结构特点及面源污染控制效果。

当前仍缺乏对全国范围城市面源污染总体概率分布的统计以及不同指标之间相关性的研究。现有研究大多针对道路和屋面两类不透水下垫面进行对比分析，对城市绿地面源污染特征的关注不足。研究整合全国 37 个主要城市的面源污染监测数据成果，分别针对屋顶、道路和绿地 3 类城市特征下垫面，选取 SS、COD、NH_3-N、TP、TN 共 5 个水质指标进行统计分析，识别了不同类型城市下垫面的面源污染总体特征及污染物指标相关关系，并初步定量了生活污水对雨污合流制排水分区雨水径流污染的贡献率。

5.1.2 全国城市面源污染数据获取与分析

5.1.2.1 数据资料

通过文献检索构建了 37 个主要城市的面源污染负荷监测数据集，覆盖 16 个省和 4 个直辖市，主要分布在我国的中东部地区（曹宏宇等，2011；常静等，2006；车伍等，2002a；车伍等，2002b；车伍等，2007；陈海丰等，2012；陈伟伟等，2015；丁程程等，2011；董雯等，2013；冯萃敏等，2015；宫曼莉等，2018；郭婧等，2011；郭宇等，2018；韩冰等，2005；郝丽岭等，2012；何梦男等，2018；何茜等，2017；侯立柱等，2006；侯培强等，2009；侯培强等，2012；华蕾等，2012；黄国如等，2018；黄金良等，2006；黄群贤等，2006；纪桂霞等，2006；蒋沂孜等，2013；荆红卫等，2012a；荆红卫等，2012b；来雪慧等，2015；李春林等，2014；李飞鹏等，2016；李国斌等，2002；李海燕等，2013；李贺等，2008；李立青等，2007a；李立青等，2007b；李立青等，2009；李立青等，2010；李青云等，2011；李思远等，2015；鹿海峰等，2012；罗鸿兵等，2012；马英等，2011；莫文锐等，2012；任玉芬等，2005；任玉芬等，2013；汪楚乔等，2016；王婧等，2011；王军霞等，2014；王显海等，2016；谢雨杉等，2008；杨逢乐等，2007；杨龙等，2015；叶闽等，2006；张娜等，2009；张千千等，2014；张香丽等，2018；张亚东等，2003；张志彬等，2016；赵建伟等，2006；赵磊等，2008；周冰等，2016；卓慕宁等，2003）。监测资料主要针对屋面、道路和绿地共 3 种代表性城市下垫面，考虑 SS、COD、NH_3-N、TP 和 TN 共 5 种常规水质指标。此外，收集了 16 个合流制溢流排口的监测数据成果，提取得到的监测数据较为丰富，为识别全国面源污染总体特征奠定了数据基础。三种下垫面及溢流口的有效监测样本数见表 5-1。

表 5-1　　　　　　　　　　三种下垫面及溢流口的有效监测样本数

项　目	屋　顶	道　路	绿　地	溢流口
SS	39	50	10	16
COD	41	53	11	15
NH_3-N	15	17	7	9
TP	38	51	11	16
TN	37	45	10	14

5.1.2.2　污染物质量浓度分布及变化范围确定

为了分析监测数据的分布规律，采用单样本（Kolmogorov-Smirnov）检验方法，以渐进显著性大于 0.05 为标准，确定不同下垫面各污染物指标的数据分布形态，并计算其均值的 90% 置信区间。如果 K-S 统计量的概率 p 值大于某一显著性水平（本书取 0.05），则认为样本来自的总体与指定的理论分布无显著差异，其中，理论分布主要包括正态分布、均匀分布、指数分布和泊松分布等。

5.1.2.3　排水分区外排污染物质量浓度估算

基于文献获取的监测数据成果包含合流制排口的径流污染监测数据，但缺乏分流制排口监测数据。为了对比分析合流制与分流制排口污染物质量浓度，需要根据监测得到的 3 种城市下垫面污染物均值，结合不同下垫面的径流系数和面积占比，估算分流制排口的污染物质量浓度。参考《建筑给水排水设计标准》（GB 50015—2019）、《室外排水设计规范》（GB 50014—2006）和《城镇雨水系统规划设计暴雨径流计算标准》（DB11/T 969—2016）等标准规范，综合确定屋面、道路（包含广场、停车场等硬化地面）和绿地的径流系数分别为 0.9、0.9 和 0.2；参考《镇规划标准》（GB 50188—2007）和《城市居住区规划设计标准》（GB 50180—2018），综合确定屋面、道路（包含广场、停车场等硬化地面）和绿地在城市下垫面中的占比分别为 0.3、0.4 和 0.3。进而分流制排口雨水径流中的污染物质量浓度可由下式计算

$$P_i = \frac{M_i}{Q_i} = \frac{0.9 \times 0.3W_i + 0.9 \times 0.4D_i + 0.2 \times 0.3L_i}{0.9 \times 0.3 + 0.9 \times 0.4 + 0.2 \times 0.3} \qquad (5-1)$$

式中　　P_i——外排污染物质量浓度；

　　　　M_i——外排污染物质量；

　　　　Q_i——外排径流总量；

　　　　W_i——屋面雨水径流污染质量浓度；

　　　　D_i——道路雨水径流污染质量浓度；

　　　　L_i——绿地雨水径流污染质量浓度；

　　　　i——对应 SS、COD、NH_3-N、TP 和 TN 共 5 种污染物指标。

5.1.3　城市面源污染总体特征

按照污染物指标分类统计 3 种下垫面的污染物质量浓度信息。总体上不同城市下垫面的面源污染质量浓度排序如下：SS＞COD＞TN＞NH_3-N＞TP。相对而言，由于屋面主要受大气干湿沉降的控制，因此其氮类污染物（NH_3-N、TN）的质量浓度较高，SS 和 TP 明显低于其他两类下垫面；由于道路径流污染主要受交通等人类活动的影响，其 COD 和 SS 指标最为突出；同其他 2 种下垫面相比，绿地径流污染程度相对最低，但由于绿地 SS 主要来源于径流对土壤的冲刷和扰动，因此具有较高的随机性，其波动范围远高于道路下垫面。屋面、道路和绿地的污染物指标总体特征如图 5-1 所示。

为了明确各污染物指标的分布规律，进一步缩小污染物质量浓度的变化区间，对不同下垫面的污染物质量浓度监测数据进行单样本（K-S）检验。

（1）对于屋面雨水径流污染物质量浓度，SS、COD、NH_3-N 和 TP 均服从指数分布，而 TN 服从正态分布。就均值而言，COD、NH_3-N 和 TN 分别为 131.07mg/L、6.43mg/L 和 8.85mg/L，均远超出《地表水环境质量标准》（GB 3838—2002）中的 V 类水标准，分别超标 2.28 倍、2.22 倍和 3.43 倍。TP 污染相对不突出（0.39mg/L），接近 V 类水标准。参考《污水综合排放标准》（GB 8978—1996），城镇二级污水处理厂允许排放的 SS 一级标准为 20mg/L，二级标准为 30mg/L。而屋面雨水径流 SS 质量浓度均值高达 153.57mg/L，远超出上述二级排放标准，仅能达到国标中规定的"其他排污单位"二级排放标准（200mg/L）。

依据获得的面源污染数据显示，各污染物指标的最小值和最大值相差较大，但通过计算均值的 90% 置信区间，能够明显缩小其变化范围，进而得到较为具体的污染物指标参考值，即 SS 质量浓度变化区间为 120.25～204.22mg/L，COD 质量浓度变化区间为 103.2～172.98mg/L，NH_3-N 质量浓度变化区间为 4.41～10.43mg/L，TP 质量浓度变化区间为 0.30～0.52mg/L，TN 质量浓度变化区间为 6.83～10.86mg/L。屋面雨水径流污染物统计结果见表 5-2。

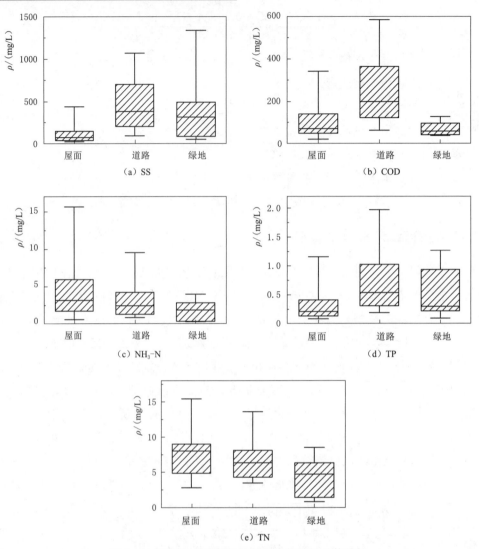

图 5-1 屋面、道路和绿地的污染物指标总体特征

表 5-2 屋面雨水径流污染物统计结果

项　　目		SS	COD	NH₃-N	TP	TN
平均值/(mg/L)		153.57	131.07	6.43	0.39	8.85
分布类型		指数分布	正态分布	指数分布	指数分布	正态分布
计算均值的 90% 置信区间 /(mg/L)	下限	120.25	103.2	4.41	0.30	6.83
	上限	204.22	172.98	10.43	0.52	10.86
最小值/(mg/L)		11.50	10.12	0.11	0.07	1.43
最大值/(mg/L)		750.50	582.00	30.60	1.74	39.90
地表 V 类水标准/(mg/L)		—	40.00	2.00	0.40	2.00
均值超标倍数		—	2.28	2.22	V 类水达标	3.43

（2）对于道路雨水径流污染物，SS、NH$_3$-N 和 TP 均服从指数分布，而 COD 和 TN 服从正态分布。就均值而言，COD、NH$_3$-N、TP 和 TN 分别为 267.92mg/L、4.17mg/L、0.89mg/L 和 7.54mg/L，均远超出 V 类水标准，分别超标 5.70 倍、1.09 倍、1.23 倍、2.77 倍和 2.28 倍。SS 指标均值为 505.04mg/L，超出国标中规定的"其他排污单位"三级排放标准（400mg/L）。通过计算均值的 90％置信区间，道路雨水径流污染物指标参考范围为：SS 质量浓度变化区间为 406.17～648.06mg/L，COD 质量浓度变化区间为 214.93～320.92mg/L，NH$_3$-N 质量浓度变化区间为 2.92～6.55mg/L，TP 质量浓度变化区间为 0.71～1.14mg/L，TN 质量浓度变化区间为 6.28～8.80mg/L。道路雨水径流污染物统计结果见表 5-3。

表 5-3　　　　　　　　　道路雨水径流污染物统计结果

项　　目		SS	COD	NH$_3$-N	TP	TN
平均值/(mg/L)		505.04	267.92	4.17	0.89	7.54
分布类型		指数分布	正态分布	指数分布	指数分布	正态分布
计算均值的 90％置信区间 /(mg/L)	下限	406.17	214.93	2.92	0.71	6.28
	上限	648.06	320.92	6.55	1.14	8.80
最小值/(mg/L)		34.00	7.66	0.52	0.06	1.13
最大值/(mg/L)		2150.00	1100.73	23.99	4.52	25.45
地表 V 类水标准/(mg/L)		—	40.00	2.00	0.40	2.00
均值超标倍数		—	5.70	1.09	1.23	2.77

（3）对于绿地雨水径流污染，SS 和 TP 均服从指数分布，而 COD、NH$_3$-N 和 TN 服从正态分布。COD、TP 和 TN 的均值分别为 72.92mg/L、0.57mg/L 和 4.35mg/L，均远超出 V 类水标准，分别超标 0.82 倍、0.43 倍和 1.18 倍。NH$_3$-N 污染相对不突出（1.90mg/L），接近 V 类水标准。SS 指标均值为 441.53mg/L，超出国标中规定的"其他排污单位"三级排放标准（400mg/L）。通过计算均值的 90％置信区间，屋面雨水径流污染物指标参考范围如下：SS 质量浓度变化区间为 281.14～813.80mg/L，COD 质量浓度变化区间为 45.41～100.43mg/L，NH$_3$-N 质量浓度变化区间为 0.93～2.88mg/L，TP 质量浓度变化区间为 0.37～1.02mg/L，TN 质量浓度变化区间为 2.58～6.13mg/L。绿地雨水径流污染物统计结果见表 5-4。

表 5-4　　　　　　　　　绿地雨水径流污染物统计结果

项　　目		SS	COD	NH$_3$-N	TP	TN
平均值/(mg/L)		441.53	72.92	1.90	0.57	4.35
分布类型		指数分布	正态分布	正态分布	指数分布	正态分布
计算均值的 90％置信区间 /(mg/L)	下限	281.14	45.41	0.93	0.37	2.58
	上限	813.80	100.43	2.88	1.02	6.13

续表

项　　目	SS	COD	NH$_3$-N	TP	TN
最小值/(mg/L)	38.88	7.43	0.28	0.09	0.82
最大值/(mg/L)	1504.08	192.04	3.95	1.80	10.00
地表 V 类水标准/(mg/L)	—	40.00	2.00	0.40	2.00
均值超标倍数	—	0.82	V 类水达标	0.43	1.18

5.1.4　不同下垫面雨水径流污染对比分析

通过对比分析不同下垫面各污染物指标的均值及 90% 置信区间上下限，可以发现根据污染物指标的不同，各下垫面污染物质量浓度的规律存在较大差异。对于 SS 指标，屋面 SS 质量浓度远低于道路和绿地 SS 质量浓度，偏低 75% 左右。这说明由于屋面污染物的累积主来源于干湿沉降过程，干湿沉降过程主要造成可溶解性污染物的增加，而对不可溶的 SS 增加不明显。道路和绿地径流污染的 SS 质量浓度均较高（相差约 10%），从 SS 质量浓度控制的角度，这两类下垫面都应是重点关注的对象。但两者的 SS 来源有一定区别，道路 SS 主要来源于交通等人类活动，而绿地 SS 主要来源于径流对土壤的冲刷和扰动。此外，虽然均值相当，但绿地 SS（281.14～813.8mg/L）的变化范围远高于道路 SS（406.17～648.06mg/L）的变化范围，造成这一现象的原因可能是绿地下垫面包括复杂的植物种类、土壤类型和植被生长状态等影响因素，进而使得不同监测事件的绿地径流污染形成过程差异明显，进而增加了监测数据的不确定性。

对于 COD 和 TP 指标，较屋面和绿地而言，道路污染物质量浓度均值偏高 25%～50%，屋面和绿地污染质量浓度差异不明显，且 90% 置信区间的分布规律基本符合均值的变化规律。不同下垫面之间，NH$_3$-N 和 TN 的变化规律较一致，屋面、道路和绿地中 NH$_3$-N 和 TN 质量浓度依次降低 25% 和 50% 左右。氮类污染物一直都是大气干湿沉降研究中重点关注的污染物指标，因此在屋面雨水径流污染中较为突出。此外，由于 NH$_3$-N 和 TN 可以作为养分被植物吸收，因此对于绿地下垫面，其质量浓度有明显降低。屋面、道路和绿地的污染质量浓度均值及变化区间如图 5-2 所示。

5.1.5　各污染指标相关性分析

在城市面源污染研究，特别是海绵城市研究中，重点关注 SS 指标，且通常认为 SS 与其他污染物指标存在一定的相关性，一定程度上可以用 SS 指标表征其他污染物。基于此，对 SS 与其他 4 种污染物指标（COD、NH$_3$-N、TP、TN）的相关性进行了分析。

对于屋面下垫面，SS 与其他污染物指标的相关性均较差（$R^2 < 0.4$），且其质量浓度均值远低于其他 2 种下垫面。对于道路下垫面，其 SS 与 COD、NH$_3$-N 和 TN 相关性较高（$R^2 > 0.4$），SS 指标在一定程度上能够表征道路面源污染的整体情况。对于绿地下垫面，

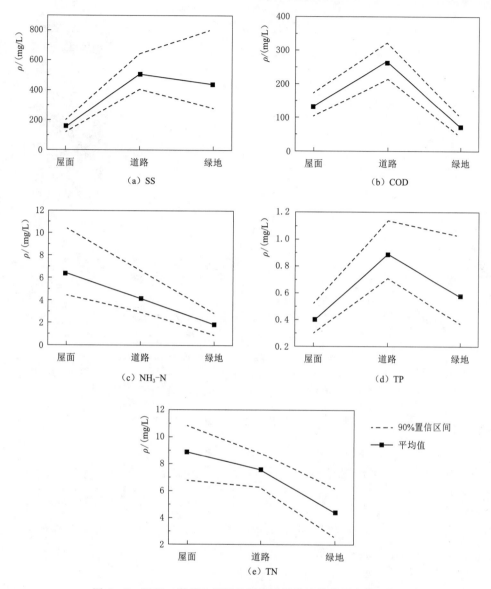

图 5-2 屋面、道路和绿地的污染质量浓度均值及变化区间

其 SS 与 COD 存在极高的相关性（$R^2 = 0.83$），但与其他污染物指标不存在显著的相关关系。不同污染物指标相关关系见表 5-5。SS 与其他污染物指标相关关系图如图 5-3 所示。

表 5-5　　　　　　　　　　　不同污染物指标相关关系

位　置	R^2 (SS – COD)	R^2 (SS – NH$_3$–N)	R^2 (SS – TP)	R^2 (SS – TN)
屋顶	0.14	0.03	0.27	0.00
道路	0.44 *	0.56 *	0.13	0.53 *
绿地	0.83 *	0.10	0.08	0.18

* 表示显著相关。

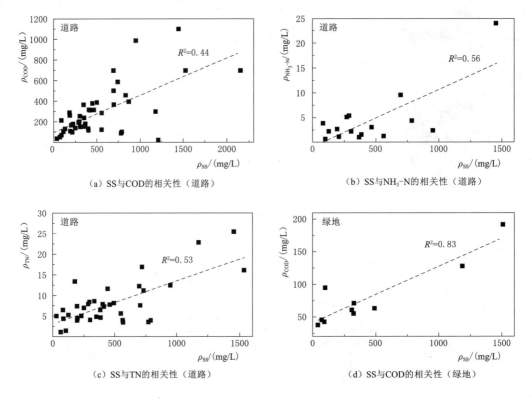

图 5-3 SS 与其他污染物指标相关关系图

5.1.6 雨污合流/分流制排水分区雨水径流污染对比分析

城市面源污染研究一方面关注不同城市下垫面直接形成的地表径流污染；另一方面分析排水分区出口的雨水径流污染外排过程。较雨污分流制排水分区，合流制排水分区排放的雨水径流污染不仅包括源头下垫面的直接产污量，同时包含一定的生活污水污染物。

我国多个城市的合流制排水分区排口监测数据表明，COD、NH_3-N、TP 和 TN 均服从指数分布，且污染物质量浓度均值均远超出 V 类水标准，分别超标 9.11 倍、6.41 倍、14.15 倍和 8.82 倍。合流制外排径流的 SS 监测数据服从正态分布，较其他污染物而言，SS 的污染程度并不十分突出，满足国标中规定的"其他排污单位"三级排放标准（400mg/L），且优于道路和绿地下垫面。通过计算均值的 90% 置信区间，合流制排水分区外排雨水径流污染物指标参考范围如下：SS 质量浓度变化区间为 262.1～437.46mg/L，COD 质量浓度变化区间为 277.22～656.19mg/L，NH_3-N 质量浓度变化区间为 9.24～28.4mg/L，TP 质量浓度变化区间为 4.2～9.67mg/L，TN 质量浓度变化区间为 13.3～32.47mg/L。除 SS 外，其他污染物指标均劣于源头下垫面直接形成的雨水径流污染。合流制外排径流污染物质量浓度统计结果见表5-6。

表5-6   合流制外排径流污染物质量浓度统计结果

项　　目		SS	COD	NH₃-N	TP	TN
平均值/(mg/L)		349.78	404.50	14.82	6.06	19.63
分布类型		正态分布	指数分布	指数分布	指数分布	指数分布
计算均值的90%置信区间（mg/L）	下限	262.1	277.22	9.24	4.2	13.3
	上限	437.46	656.19	28.4	9.67	32.47
最小值/(mg/L)		19.8	33.8	0.75	0.08	2.43
最大值/(mg/L)		684	1684.67	46.08	29.8	75.18
地表Ⅴ类水标准/(mg/L)		—	40.00	2.00	0.40	2.00
均值超标倍数		—	9.11	6.41	14.15	8.82

为了定量合流制雨水径流污染中生活污水的贡献量，以剔除异常值后的各类下垫面污染物质量浓度均值来估算分流制排水分区外排径流中的污染物平均质量浓度，并与实测合流制外排径流污染物质量浓度进行对比分析。合流/分流制排水分区径流污染对比图如图5-4所示，雨污合流制排水分区的雨水径流污染明显高于分流制排水分区的雨水径流污染，两者差值主要来源于合流制雨水径流外排过程中携带的生活污水。生活污水对合流制雨水径流污染中SS的贡献率较低，仅为17.19%，但明显增加了TP的质量浓度，贡献率高达84.45%。造成这一现象的原因主要是SS本身就是城市雨水径流中较为突出的污染物指标，而城市环境中的磷主要来源于粪便、食品污物和洗涤剂，因此在生活污水中较为富集。此外，生活污水对COD、NH₃-N和TN的贡献率分别为51.06%、79.06%和40.81%，对污染物质量浓度的增加均较为明显。因此，在控制合流制排水分区面源污染问题时，仅减控源头下垫面的直接雨水径流污染是远远不够的，需要在源头水量水质综合调控的基础上，结合过程和末端控制措施，最大限度地减少溢流事件的发生，从根本上控制合流制排水分区的面源污染外排。

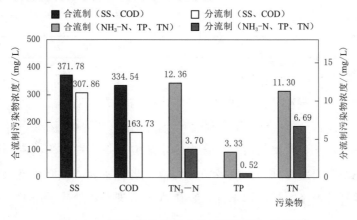

图5-4   合流/分流制排水分区径流污染对比图

5.2 北京城市副中心面源污染特征

5.2.1 实验研究方法

5.2.1.1 旱天污染物负荷调查

旱天采用框架清扫装置收集典型不透水下垫面地表污染物，框架清扫采样装置如图 5-5 所示。实验过程中首先把框架取样器按压固定在选定的城市不透水地面上，用毛刷扫取框架取样器内的污染物，尤其将框架取样器的边角扫彻底，重复扫取 5 遍；收集污染物，将其溶解到 250mL 的纯净水中，做好标签表明采样点和采样时间；待全部采样结束后，当天统一送往实验室检测，检测项目包括 SS、COD、NH₃-N、TP 和 TN。

图 5-5 框架清扫采样装置

降雨径流过程进入水中的污染物与地表大气沉降积累的污染物量密切相关，旱天研究侧重点在于污染物的积累。考虑清扫频次、车流量、污染物来源等不同因素的影响，不透水下垫面分为屋面、小区道路、公路道路和公园广场四类。除屋面外，各下垫面积累的污染物成分复杂，来源较多，且污染物质量远远大于屋面积累的污染物质量。除屋面外，各下垫面还不同程度地受到人为因素的影响。不同下垫面污染物来源影响因素见表 5-7。

表 5-7　　　　　　　　　　　不同下垫面污染物来源影响因素

	大气降尘	人类活动	机动车	环卫清扫	其　他
屋面	√				厕所排气通道影响
小区道路	√	√	√	√	改造施工影响
公路道路	√	√	√	√√	车流量
公园广场	√	√		√√√	—

5.2.1.2 雨天降雨径流污染调查

雨天取样侧重点在于冲刷，验证地表径流水质与地表污染物沉积量的关系，并监测降雨不同时刻的水质，分析污染物引入地表径流水体的水质变化过程。

在进行降雨径流水样收集的时候，首先确定研究所选取的较为明确的汇水范围，本实验主要选取屋面和道路两种集水区域明显的范围进行实验，屋面径流的样品采集点位于建筑物的雨落管处，路面径流的采样点在雨水篦子进水口处或者路面积水点处。待全部采样结束后，当天统一送往实验室检测。水样检测项目包括 SS、COD、NH₃-N、TP

和 TN。

5.2.2　旱天污染物负荷情况

实验点选取分布在建成区内各个公路主干道、公园和小区内,典型的不透水下垫面包括屋面、公路道路、小区道路、公园广场等。实验集中在 4—9 月,共计实验场次 44 次,统计得到不同下垫面的污染物负荷结果,并计算其采样实验的最小值、最大值、平均值和中位值。旱天实验现场照片如图 5-6 所示。

(a) 公路道路辅路　　　　　　　　　　　　　　　(b) 广场

图 5-6　旱天实验现场照片

监测时段内研究区公路道路 SS 变化范围为 51.02～4540.82mg/m²,其平均值为 1377.88mg/m²,其中位数为 892.86mg/m²;公路道路 COD 变化范围为 83.76～875.85mg/m²,其平均值为 261.48mg/m²,其中位数为 170.49mg/m²;公路道路 NH_3-N 变化范围为 2.25～36.39mg/m²,其平均值为 12.69mg/m²,其中位数为 11.39mg/m²;公路道路 TP 变化范围为 0.81～4.93mg/m²,其平均值为 2.20mg/m²,其中位数为 1.66mg/m²;公路道路 TN 变化范围为 13.65～57.40mg/m²,其平均值为 26.88mg/m²,其中位数为 23.17mg/m²。典型公园公路道路下垫面污染物负荷监测结果见表 5-8。

表 5-8　　　　　　　　典型公园公路道路下垫面污染物负荷监测结果　　　　　单位:mg/m²

采样瓶编号	SS	COD	NH_3-N	TP	TN
S0191	778.06	595.24	25.55	1.36	37.29
S0192	1373.30	186.22	6.12	1.87	23.68
S0193	892.86	164.54	2.25	0.85	57.40
S0194	148.81	127.98	5.06	3.83	16.16
S0199	51.02	240.65	16.24	2.98	23.94
S3870	510.20	83.76	5.19	0.81	13.65
S3871	850.34	108.42	4.06	0.89	32.70

续表

采样瓶编号	SS	COD	NH₃-N	TP	TN
S3876	297.62	294.22	36.39	1.15	19.35
S3877	4540.82	241.92	5.19	1.96	16.67
S3878	3686.22	875.85	18.96	1.66	47.62
S4221	1033.16	140.73	15.60	4.76	21.47
S4222	1964.29	169.22	13.01	1.53	23.17
S4223	1785.71	170.49	11.39	4.93	16.33
最大值	4540.82	875.85	36.39	4.93	57.40
最小值	51.02	83.76	2.25	0.81	13.65
平均值	1377.88	261.48	12.69	2.20	26.88
中位数	892.86	170.49	11.39	1.66	23.17

监测时段内研究区公园广场 SS 变化范围为 $76.53 \sim 646.26\,mg/m^2$，其平均值为 $357.14\,mg/m^2$，其中位数为 $446.43\,mg/m^2$；公园广场 COD 变化范围 $104.59 \sim 307.82\,mg/m^2$，其平均值为 $163.44\,mg/m^2$，其中位数为 $134.35\,mg/m^2$；公园广场 NH₃-N 变化范围为 $1.96 \sim 30.02\,mg/m^2$，其平均值为 $9.72\,mg/m^2$，其中位数为 $5.44\,mg/m^2$；公园广场 TP 变化范围为 $0.85 \sim 2.04\,mg/m^2$，其平均值为 $1.67\,mg/m^2$，其中位数为 $1.83\,mg/m^2$；公园广场 TN 变化范围为 $8.04 \sim 51.02\,mg/m^2$，其平均值为 $22.60\,mg/m^2$，其中位数为 $10.42\,mg/m^2$。典型公园广场下垫面污染物负荷监测结果见表 5-9。

表 5-9　　　　　　　　典型公园广场下垫面污染物负荷监测结果　　　　单位：mg/m^2

采样瓶编号	SS	COD	NH₃-N	TP	TN
S4240	446.43	108.84	30.02	1.83	34.06
S0197	76.53	307.82	1.96	2.04	10.42
S3872	646.26	104.59	5.02	0.85	51.02
S4238	488.95	161.56	6.16	1.79	9.48
S4239	127.55	134.35	5.44	1.83	8.04
最大值	646.26	307.82	30.02	2.04	51.02
最小值	76.53	104.59	1.96	0.85	8.04
平均值	357.14	163.44	9.72	1.67	22.60
中位数	446.43	134.35	5.44	1.83	10.42

监测时段内研究区屋面 SS 变化范围为 $106.29 \sim 7104.59\,mg/m^2$，其平均值为 $2102.47\,mg/m^2$，其中位数为 $1060.80\,mg/m^2$；屋面 COD 变化范围为 $126.70 \sim 467.69\,mg/m^2$，其平均值为 $243.98\,mg/m^2$，其中位数为 $157.74\,mg/m^2$；屋面 NH₃-N 变

化范围为 7.91~18.71mg/m², 其平均值为 13.80mg/m², 其中位数为 14.03mg/m²; 屋面 TP 变化范围为 0.55~5.10mg/m², 其平均值为 2.86mg/m², 其中位数为 2.91mg/m²; 屋面 TN 变化范围为 16.16~36.39mg/m², 其平均值为 27.71mg/m², 其中位数为 28.19mg/m²。典型屋面下垫面污染物负荷监测结果见表 5-10。

表 5-10 典型屋面下垫面污染物负荷监测结果 单位: mg/m²

采样瓶编号	SS	COD	NH₃-N	TP	TN
S4237	1241.50	155.19	7.91	1.87	28.57
S4241	7104.59	126.70	12.67	0.68	16.16
S4242	3099.49	160.29	18.71	0.55	29.51
S0195	106.29	402.64	10.88	5.10	27.81
S0196	182.82	467.69	15.39	5.02	36.39
S4236	880.10	151.36	17.22	3.95	27.81
最大值	7104.59	467.69	18.71	5.10	36.39
最小值	106.29	126.70	7.91	0.55	16.16
平均值	2102.47	243.98	13.80	2.86	27.71
中位数	1060.80	157.74	14.03	2.91	28.19

监测时段内研究区居住小区道路 SS 变化范围为 140.31~11420.07mg/m², 其平均值为 3394.35mg/m², 其中位数为 3205.78mg/m²; 小区道路 COD 变化范围为 129.25~1173.47mg/m², 其平均值为 273.51mg/m², 其中位数为 209.40mg/m²; 小区道路 NH₃-N 变化范围为 1.42~16.75mg/m², 其平均值为 6.27mg/m², 其中位数为 4.89mg/m²; 小区道路 TP 变化范围为 0.55~6.51mg/m², 其平均值为 1.56mg/m², 其中位数为 1.32mg/m²; 小区道路 TN 变化范围为 3.06~37.84mg/m², 其平均值为 18.38mg/m², 其中位数为 17.20mg/m²。典型小区道路下垫面污染物负荷监测结果见表 5-11。

表 5-11 典型小区道路下垫面污染物负荷监测结果 单位: mg/m²

采样瓶编号	SS	COD	NH₃-N	TP	TN
S0198	140.31	283.59	4.42	1.49	13.10
S3019	340.14	129.25	1.77	1.79	10.80
S3020	4540.82	221.51	2.52	2.00	7.02
S3873	3316.33	484.69	4.97	1.91	35.16
S3874	3095.24	343.54	5.65	1.79	26.87
S3875	2363.95	1173.47	5.31	1.32	32.19
S3879	471.94	129.25	14.37	6.51	29.42
S3880	463.44	218.11	16.75	2.42	37.41

续表

采样瓶编号	SS	COD	NH_3-N	TP	TN
S4224	4294.22	161.56	7.82	1.32	18.41
S4225	8052.72	165.39	15.99	0.81	19.94
S4226	6777.21	177.30	3.12	0.55	8.46
S4227	3724.49	200.68	9.91	1.62	15.99
S4228	1369.05	288.69	12.63	1.87	37.84
S4229	2346.94	340.56	1.42	0.60	7.10
S4230	1394.56	235.54	2.36	0.60	4.68
S4231	1947.28	221.51	4.89	0.60	25.09
S4232	3656.46	166.67	1.82	0.77	3.06
S4233	11420.07	186.22	2.32	0.81	3.23
S4234	4030.61	166.67	4.89	1.19	25.60
S4235	4141.16	176.02	2.51	1.19	6.21
最大值	11420.07	1173.47	16.75	6.51	37.84
最小值	140.31	129.25	1.42	0.55	3.06
平均值	3394.35	273.51	6.27	1.56	18.38
中位数	3205.78	209.40	4.89	1.32	17.20

分别计算每种典型下垫面污染物对应的均值和中位数,对比分析不同下垫面单位面积污染物负荷量,不同下垫面污染物负荷如图 5-7 所示。平均值和中位值变化基本一致,不同下垫面中各污染物沉积负荷排序为:SS 指标,小区道路>屋面>公路道路>广场;COD 指标,小区道路>公路道路>屋面>广场;NH_3-N 指标,屋面>公路道路>广场>小区道路;TP 指标,屋面>公路道路>广场>小区道路;TN 指标,屋面>公路道路>广场>小区道路。

进一步对比各类下垫面各污染物负荷值之间的关系,确定出各类下垫面污染物主要的污染物指标,公路道路的主要污染物为 COD、NH_3-N、TP 和 TN;小区道路的主要污染物为 SS 和 COD;广场的主要污染物为 TP;屋面的主要污染物为 NH_3-N、TP 和 TN。

5.2.3 道路污染累积负荷特征研究

5.2.3.1 污染物指标相关性分析

应用 Spearman 相关系数法,对特定道路(所有污染物均来自同一条道路)的污染物指标进行相关性分析,分析各指标之间关联性。污染物负荷相关性分析见表 5-12。

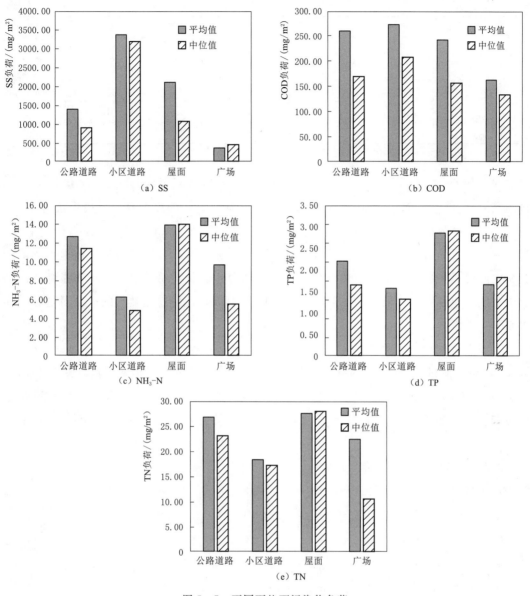

图 5-7 不同下垫面污染物负荷

表 5-12   污染物负荷相关性分析

道路类型	项 目	TP	TN	NH₃-N	SS	COD
某特定公路（n=13）	TP	1				
	TN	0.87*	1			
	NH₃-N	0.47*	0.60*	1		
	SS	0.52	0.53	0.61*	1	
	COD	0.80*	0.73*	0.35	0.67*	1

道路类型	项 目	TP	TN	NH$_3$-N	SS	COD
某特定小区道路 （$n=17$）	TP	1				
	TN	0.52*	1			
	NH$_3$-N	0.68*	0.29	1		
	SS	-0.04	0.10	-0.02	1	
	COD	-0.22	0.12	-0.28	-0.23	1

* 在 0.05 的水平下相关性显著，n 为样本容量。

对于某公路上的 TP 与 TN、NH$_3$-N 与 TN、SS 以及 COD 与 TP、TN 和 SS，某小区道路上的 TP 与 TN、NH$_3$-N 在 0.05 的水平下具有显著的相关性，相关系数均在 0.5 以上，其中，公路上各指标之间相关程度较大，TP 与 TN 和 COD 的相关系数达到了 0.8 以上，关系更为密切（表 5-12）。此外，相对于公路，由小区道路污染物数据得出的各指标之间的相关性发生了较大的变化，相关系数普遍较低。总体上，污染物指标之间的相关程度大小排序为"某特定公路＞某特定小区道路"，说明道路类型的改变对这种关系存在一定的影响。

上述指标的密切关系表明它们可以互为表征污染物负荷的状态，特别是公路。SS 和 COD 与其他指标之间相关性在公路上较为明显，关系更为密切。因此，对于公路污染物 SS 和 COD 累积负荷大小，一定程度上能够反映污染物负荷的水平，小区道路上两者与各项指标相关关系较弱，环境条件的变化使它们之间关系表现出一定的不确定性。

5.2.3.2 污染物空间分布特征分析

污染物负荷空间分布特征如图 5-8 所示，反映了污染物分布的离散程度。SS、COD、NH$_3$-N、TP 及 TN 地表负荷范围分别为：公路，51.02～892.86mg/m^2、24.91～75.00mg/m^2、0.61～6.52mg/m^2、0.20～1.23mg/m^2 和 3.51～12.00mg/m^2；公园道路，51.00～446.43mg/m^2、26.11～50.00mg/m^2、0.59～7.50mg/m^2、0.15～0.48mg/m^2 和 1.89～13.00mg/m^2；小区道路，140.31～2363.95mg/m^2、27.21～80.00mg/m^2、0.58～4.49mg/m^2、0.14～0.61mg/m^2 和 0.50～9.01mg/m^2。

除 SS 和 COD 在公园道路上离散程度相对较弱，分布较为均匀外，其他污染物分布分散，差异明显，说明污染物空间分布具有随机性。本次试验部分采样点设在绿化带、商场和建筑小区附近，另有采样点布置在建筑工地周围。一般而言，公路的管护强度不及小区道路以及公园道路，小区道路以及公园道路均为定期管护道路，因此公路上污染物负荷值相对偏高，尤其是 TP 和 TN 表现得尤为明显。小区道路多来源于海绵改造小区，由于处于施工期，所以小区道路 SS 指标值较高且离散程度大。因此道路的清扫水平是影响污染物含量的关键因素。

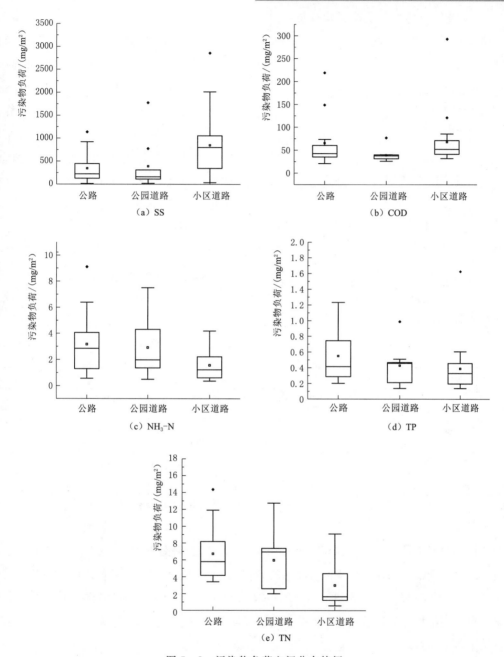

图 5-8 污染物负荷空间分布特征

　　污染物异常极端值（与平均值的偏差大于 2 倍或 3 倍标准差的测定值，为图 5-8 中
"◆"）均显著高于正常值。TP、TN、NH₃-N、SS 和 COD 最大极端值分别是所有道路
污染物负荷平均值的 4.0 倍、3.1 倍、4.1 倍、5.9 倍和 6.3 倍。其中 SS 和 COD 极端值
出现的概率较大，而根据相关性分析，SS 和 COD 负荷水平在一定范围内能够代表其他污
染物负荷水平。因此，重点落实对两者有效管理，是降低污染物含量的重要保证。

5.2.3.3 道路对污染物负荷影响分析

方差分析是比较不同试验条件下的样本均值是否存在差异的有效手段，用于显示试验条件的变化对结果的显著影响，方差分析的重要前提是方差齐性和总体正态性。试验采用 Fisher LSD 法完成单因素方差分析，研究不同道路类型条件下各污染物负荷差异的显著性，采用 Levene 方差齐性检验法验证不同道路类型污染物负荷总体方差一致性，通过 ShapiroWilk 法进行样本总体正态分布检验。Levene 方差齐性检验见表 5-13。

表 5-13　Levene 方差齐性检验

污染物	F 值	$F_{0.05}(2,28)$
SS	3.18	
COD	1.90	
NH₃-N	2.57	3.34
TP	0.21	
TN	3.02	

不同道路上各类污染物在 0.05 水平下，总体方差并没有显著的不同。同时 Shapiro-Wilk 法正态性检验的结果显示，在 0.05 的水平下，数据显著地来自正态分布总体。因此，样本数据满足单因素方差分析要求。污染物负荷平均值显著性差异见表 5-14。

表 5-14　　　　　　　　　污染物负荷平均值显著性差异

道路类型	污染物指标负荷平均值/(mg/m²)				
	SS	COD	NH₃-N	TP	TN
公路（a/A）	241.15Cab	38.36Cab	3.00abc	0.53abc	6.49abc
公园道路（b/B）	159.61Cab	33.99Cab	2.99abc	0.50abc	6.00abc
小区道路（c/C）	566.04Cab	53.32Cab	1.66abc	0.40abc	4.37abc
所有道路	502.69	45.72	2.10	0.49	5.06

注　不同小写字母表示组间总体均值无显著性差异（$P<0.05$），不同大小写字母表示组间总体均值差异显著（$P<0.05$）。

不同道路对 NH₃-N、TP 和 TN 均无显著影响，小区道路的 SS 和 COD 与其他道路存在显著性差异。受施工的影响，小区道路上的 SS 和 COD 均值明显高于其他道路，一般公园道路上的 SS 和 COD 以及小区道路上的 TP、TN 和 NH₃-N 均值较低于公路和所有道路的平均水平，对该污染指标的贡献较小。因此，若排除施工对污染物负荷的影响，总体来讲，小区道路污染负荷相对较低，其次是公园道路和公路，但并没有发生显著的变化。

5.2.3.4 污染物累积特征分析

典型道路污染物干期累积量变化过程如图 5-10 所示，小区道路和公路上的 COD、NH₃-N、TP 和 TN 变化范围分别为 52.96～116.94mg/m²、0.40～1.60mg/m²、0.17～0.47mg/m²、0.03～6.56mg/m² 和 64.34～169.19mg/m²、0.48～1.43mg/m²、0.06～0.34mg/m²、1.21～2.81mg/m²。最大值分别出现在累积 3d、1d、1d、1d 和 8d、8d、8d、10d。从实际情况来看，污染物的最大值不一定出现在累积天数最大时间段。地表污

染物累积过程受随机因素的影响表现出波动变化，公路上污染物整体呈增加的趋势，而小区道路表现出降低的态势。可能是由于沙尘作为污染物的主要载体，存在像雨水一样的填洼现象，风的携尘和洼地的滞尘对沙尘颗粒物共同起作用，路表面的粗糙度以及洼的大小决定了污染物的滞留量。在外推力的作用下，选取的洼地内表面沙尘相较于底部沙尘更易与外界发生交换，污染物并不会随累积天数线性增加，增加到某一阈值后，外力大于滞留力，达到了表面沙尘的起动条件，会轻易地被带到其他的区域，因此，会表现出或增或减的波动变化。此外，由于选取的公路为沥青混凝土路面，路表面更为破碎，对沙尘的滞留能力较大，选择的小区道路为砖石路面，地表面相对平滑，受外界扰动的影响较大，因此，小区道路并没有表现出较强的增长趋势。

用干期平均累积速率（污染物负荷与累积天数的比值）表征污染物累积的快慢，如图 5-9 所示两种不同下表面污染物平均累积速率的变化特征，累积速率随干期天数的增加呈指数变化（$P=ae^{-bd}$，a、b 为参数，d 为干期天数）减少，除小区道路上 TN 和公路上 TP 外，其他污染物上述指数函数拟合系数 R^2 均在 0.5 上。典型道路污染物干期平均累积速率变化过程如图 5-10 所示。

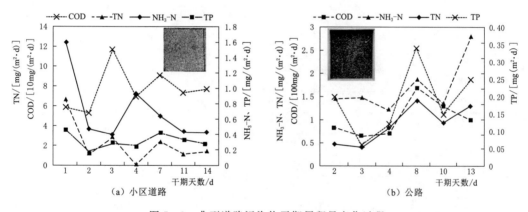

图 5-9　典型道路污染物干期累积量变化过程

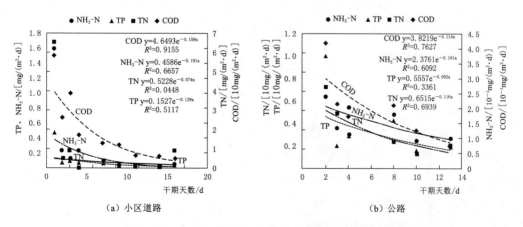

图 5-10　典型道路污染物干期平均累积速率变化过程

5.2.4 雨天降雨径流污染

主要选取了研究区内典型小区的屋面和道路进行雨天降雨径流污染监测，通过雨落管、雨水箅子和路面积水点进行收集。监测实验集中在 4—8 月，共计实验场次 30 次，监测指标为 SS、COD、NH_3-N、TN 和 TP 共 5 种。按下垫面进行分类，并计算对应指标的最大值、最小值、平均值和中位数，得到不同下垫面的污染物负荷结果。

研究区道路降雨径流 SS 变化范围为 4～147mg/L，其平均值为 26.1mg/L，其中位数为 4.5mg/L；道路降雨径流 COD 变化范围为 15～278mg/L，其平均值为 64.29mg/L，其中位数为 38mg/L；道路降雨径流 NH_3-N 变化范围为 0.034～2.22mg/L，其平均值为 0.8195mg/L，其中位数为 0.4205mg/L；道路降雨径流 TP 变化范围为 0.02～1.22mg/L，其平均值为 0.24mg/L，其中位数为 0.11mg/L；道路降雨径流 TN 变化范围为 0.77～9.2mg/L，其平均值为 2.382mg/L，其中位数为 1.59mg/L。雨天道路降雨径流水样监测结果见表 5-15。

表 5-15　　　　　　　　　雨天道路降雨径流水样监测结果　　　　　　　单位：mg/L

采样瓶编号	雨水径流污染物浓度值				
	SS	COD	NH_3-N	TP	TN
S0314	147	58.4	1.73	0.42	2.05
S0318	30	55.9	0.738	0.18	1.87
S0320	4	88.1	2.15	0.07	2.47
S0315	53	278	2.22	1.22	9.2
S0321	4	81.2	1.04	0.16	3.4
S3257	4	15	0.05	0.11	0.8
S3258	5	15	0.065	0.05	0.79
S3259	6	15	0.065	0.06	0.77
S3260	4	20.1	0.103	0.11	1.31
S3261	4	16.2	0.034	0.02	1.16
最大值	4	15	0.034	0.02	0.77
最小值	147	278	2.22	1.22	9.2
平均值	26.1	64.29	0.8195	0.24	2.382
中位数	4.5	38	0.4205	0.11	1.59

研究区屋面降雨径流 SS 变化范围为 4～137mg/L，其平均值为 24.2mg/L，其中位数为 4mg/L；屋面降雨径流 COD 变化范围为 15～402mg/L，其平均值为 56.65mg/L，其中位数为 17.8mg/L；屋面降雨径流 NH_3-N 变化范围为 0.032～2.96mg/L，其平均值为 1.07845mg/L，其中位数为 1.09mg/L；屋面降雨径流 TP 变化范围为 0.03～0.57mg/L，其平均值为 0.128mg/L，其中位数为 0.1mg/L；屋面降雨径流 TN 变化范围为 0.63～

8.29mg/L，其平均值为2.653mg/L，其中位数为1.865mg/L。雨天屋面降雨径流水样监测结果见表5-16。

表5-16　　　　　　　　　　　　雨天屋面降雨径流水样监测结果　　　　　　　　单位：mg/L

采样瓶编号	雨水径流污染物浓度值				
	SS	COD	NH₃-N	TP	TN
S0316	17	402	2.96	0.06	4.18
S0317	43	15	1.58	0.16	2.53
S0319	4	77.5	2.84	0.57	5.78
S0322	4	17.8	1.47	0.07	5.61
S0323	4	51.4	1.67	0.20	8.29
S2036	137	47.8	1.43	0.03	2.65
S2037	60	120	1.43	0.18	1.78
S2038	51	79.8	1.09	0.11	1.58
S2039	49	61.8	1.09	0.10	1.72
S2040	32	60.6	1.58	0.17	2.17
S2041	42	55.4	1.57	0.10	1.95
S3248	4	16.9	0.622	0.32	2.08
S3249	9	17.8	0.846	0.10	5.16
S3250	4	15	0.507	0.04	1.57
S3251	4	16.6	0.274	0.13	1.36
S3252	4	16.9	0.041	0.04	0.89
S3253	4	15.7	0.204	0.04	0.98
S3254	4	15	0.098	0.04	0.99
S3255	4	15	0.032	0.06	0.63
S3256	4	15	0.235	0.04	1.16
最大值	4	15	0.032	0.03	0.63
最小值	137	402	2.96	0.57	8.29
平均值	24.2	56.65	1.08	0.13	2.65
中位数	4	17.8	1.09	0.10	1.87

分别计算道路和屋面的监测结果中各个检测指标的平均值和中位数，对比分析两种不同典型下垫面降雨径流污染物浓度结果。其平均值和中位数变化基本一致，不同下垫面中各污染物沉积负荷排序：SS指标，道路＞屋面；COD指标，道路＞屋面；NH₃-N指标，屋面＞道路；TP指标，道路＞屋面；TN指标，屋面＞道路。进一步对比各类下垫面各污染物负荷值之间的关系，小区道路和屋面主要污染物类型为COD、TP和TN。小区道路和屋面降雨径流污染物负荷如图5-11所示。

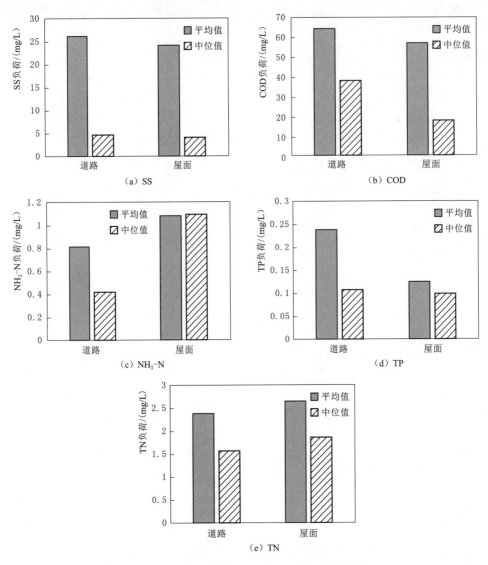

图 5-11 小区道路和屋面降雨径流污染物负荷

5.3 典型海绵设施面源污染物迁移转化过程

5.3.1 透水铺装面源污染物迁移转化过程

通过对透水铺装开展人工模拟降雨条件下的污染物出流过程及不同设施深度污染物浓度变化特征研究，分析不同污染物浓度条件下透水铺装污染物削减效果。以北京市典型机动车道路雨水径流为原水，以 COD、NH_3-N 和 TP 为评价指标，基于透水铺装模型，获取透水铺装在不同污染物浓度原水情景下水质变化过程数据，为透水铺装降雨—

径流—产污过程的定量研究提供数据基础，进而支撑海绵城市建设径流减控与污染物削减计算模型的构建。

5.3.1.1 实验材料与方法

透水铺装实验基于安装在蒸渗仪上的实验设施开展，为精确监测透水铺装中的土壤水分变化，在蒸渗仪中分别布设了 8 个土壤溶液提取装置。土壤溶液提取器按深度布设在土壤中，可定点定位连续采集土壤水。透水铺装土壤溶液提取点位置示意图如图 5-12 所示。

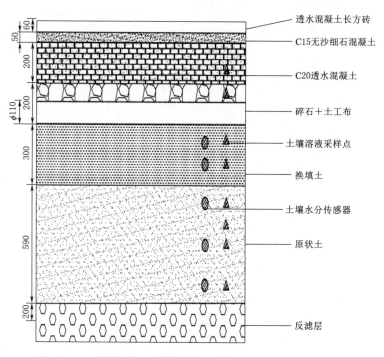

图 5-12　透水铺装土壤溶液提取点位置示意图（单位：mm）

透水铺装土壤溶液提取点位分别为距透水铺装土面 260mm、400mm、600mm、700mm、900mm、1000mm、1100mm 和 1300mm 处。即 1 号提取器出水流经了透水铺装面层（透水砖层）、找平层和 150mm 透水混凝土垫层；2 号提取器出水流经了透水砖层、找平层、透水混凝土垫层和 90mm 碎石垫层；3 号提取器出水流经了透水砖层、找平层、透水混凝土垫层、碎石垫层和 90mm 换土层；4 号提取器出水流经了透水砖层、找平层、透水混凝土垫层、碎石垫层和 190mm 换土层；5 号提取器出水流经了透水砖层、找平层、透水混凝土垫层、碎石垫层、换土层和 90mm 原状土层；6 号提取器出水流经了透水砖层、找平层、透水混凝土垫层、碎石垫层、换土层和 190mm 原状土层；7 号提取器出水流经了透水砖层、找平层、透水混凝土垫层、碎石垫层、换土层和 290mm 原状土层；8 号提取器出水流经了透水砖层、找平层、透水混凝土垫层、碎石垫层、换土层和 490mm 原状土层。

由于天然降雨过程具有不稳定性，且各个区域差别较大，不易获取完整的过程监测数据，本次实验用水采用人工配水。通过分析天然降雨水质数据，得出实验区天然降雨污染物浓度见表 5-17。

表 5-17　实验区天然降雨污染物浓度　　单位：mg/L

	COD	TP	NH₃-N
最小值	16	0.089	0.39
最大值	265	1.05	5.12
平均值	64	0.24	2.42

此外，依据《雨水控制与利用工程设计规范》（DB 11/685—2013）中北京地区机动车道路雨水初期径流水质指标参考值为 COD 为 200～3000mg/L；NH_3-N 为 2～50mg/L；TP 为 0.5～5.0mg/L。综合考虑实验区实际测量雨水水质与规范建议水质，设置污染物浓度区间如下：COD 为 50～500mg/L；NH_3-N 为 1～5mg/L；TP 为 0.2～1.5mg/L。通过添加化学药品 $C_6H_{12}O_6$、NH_4Cl 和 KH_2PO_4 分别模拟 COD、NH_3-N、TP 等指标，设计一系列浓度梯度的实验方案。

实验方案设计以研究透水铺装净化雨水的能力为主。实验采用水泵供水的方式模拟雨水输入，重点关注不同污染物浓度对透水铺装径流减控效果的影响。实验情景设计中，采用了北京地区暴雨强度公式，即

$$q=\frac{1602\times(1+1.037\lg P)}{(t+11.593)^{0.618}}\tag{5-2}$$

式中　P——设计重现期，年；

　　　t——降雨历时，min。

降雨实验情景设计见表 5-18。

表 5-18　　　　　　　降 雨 实 验 情 景 设 计

序号	COD /(mg/L)	NH₃-N /(mg/L)	TP /(mg/L)	进水量 /m³	设计降雨强度 /(mm/min)	总降雨量 /mm
1	64	1.38	0.35	0.607	1.448	151.672
2	213	1.29	0.21	0.737	1.536	184.369
3	489	4.96	1.41	0.763	1.590	190.800

利用水箱开展人工降雨实验，水箱尺寸为：长×宽×高（3m×2m×1m）。每次实验配制 3m³ 模拟雨水，为防止水质变化，实验用水在试验前完成配制，在实验过程中持续对水箱内的配水进行搅拌，使溶液混合均匀。采用间歇进水方式，每次进水 2h，试验结束后落干 7d 再开展下一组试验。对 8 个土壤溶液提取装置、反滤层出水进行水质取样监测。结合径流雨水特点，自取水口产流时起 1h、3h、6h、1d、2d、3d 和 5d 进行采样，直至径流结束或趋于稳定为止。

通过水质采样检测，得到出水污染物浓度，量化污染物去除效率变化过程，分析污染物浓度在透水铺装垂直方向上的分布，探讨各结构层在水质效应方面的作用。本实验在测定水质参数时，均采用《水和废水检测分析方法》（第四版）规定的国家标准分析方法。水质指标检测方法及仪器见表 5-19。

表 5 - 19 　　　　　　　　　　　　**水质指标检测方法及仪器**

测定项目	标准（方法）名称及编号	仪器设备型号
COD	《水质　化学需氧量的测定　重铬酸盐法》（HJ 828—2017）	具塞滴定管 25mL
NH₃-N	《水质　氨氮的测定　纳氏试剂分光光度法》（HJ 535—2009）	双光束紫外可见分光光度计 UV-1800
TP	《水质　总磷的测定　钼酸铵分光光度法》（GB 11893—1989）	双光束紫外可见分光光度计 UV-1800

（1）污染物浓度去除率 R_C 的计算公式为

$$R_C = \frac{C_{in} - C_{out}}{C_{in}} \times 100\% \tag{5-3}$$

式中　C_{in}——进水汇总污染物浓度，mg/L；

　　　C_{out}——出水汇总污染物浓度，mg/L。

（2）污染物负荷去除率 R_L 的计算公式为

$$R_L = \frac{C_{in} V_{in} - C_{out} V_{out}}{C_{in} V_{in}} \times 100\% \tag{5-4}$$

式中　C_{in}——进水汇总污染物浓度，mg/L；

　　　V_{in}——进水体积，L；

　　　C_{out}——出水汇总污染物浓度，mg/L；

　　　V_{out}——出水体积，L。

依据《水环境监测规范》（SL 219—2013），当测定结果低于分析方法的最低检出浓度时，用"<DL"表示，并按 1/2 最低检出浓度值进行统计处理。

5.3.1.2　不同污染物浓度削减效果对比

1. 平均去除率

透水铺装对不同浓度的污染物削减效果良好，当 COD、NH₃-N 在高、中、低三种污染物进水情景下，总去除率均在 90% 以上，对 TP 去除率为 80% 左右。当进水 COD 浓度为 83～489mg/L 时，反滤层出水中 COD 平均浓度为 5.50～12.88mg/L，去除率为 93.37%～97.37%；进水 TP 浓度为 0.21～1.41mg/L 时，反滤层出水中 TP 平均浓度为 0.02～0.04mg/L，去除率为 79.76%～98.32%；进水 NH₃-N 浓度为 1.29～4.96mg/L 时，反滤层出水中 NH₃-N 平均浓度为 <0.025～0.03mg/L，去除率为 97.72%～99.62%。

对于 COD、TP 和 NH₃-N，高浓度进水情况下的去除率和去除率稳定性都明显高于低浓度情景。其中，COD、TP 和 NH₃-N 分别在入水浓度高达 489mg/L、1.41mg/L 和 4.96mg/L 的情况下，出水浓度分别保持在 12.88mg/L、0.03mg/L 和 0.02mg/L，去除率分别达到 97.37%、98.32% 和 99.62%。因此，对于高浓度 COD、TP 和 NH₃-N 污染物的雨水径流，透水铺装能保持高效、稳定的去除效果。污染物削减效果如图 5-13 所示。

透水铺装各层材料结构的吸附去除效能与吸附材料的表面活性吸附位数量有关。降

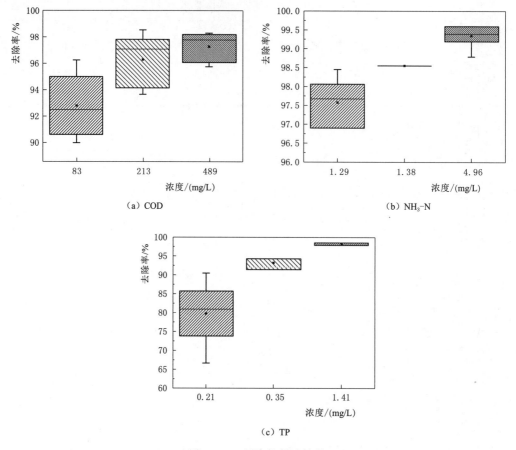

图 5-13　污染物削减效果

雨初期，透水铺装结构层材料内部有大量活性吸附位，随着径流雨水的入渗，当大部分吸附位被占据时，铺装材料的吸附能力逐渐下降。

2. 反滤层出水随时间变化规律

透水铺装一般由面层、找平层、垫层等部分构成，具有多层次的内部结构，可通过结构层的吸附、截留和过滤等作用实现径流雨水中污染物的去除。研究结果表明，在一场降雨的不同时段，各污染物的去除效果也不同，降雨初期时污染物去除率波动较大，随着降雨过程的持续，各种污染物的去除效果逐渐趋于稳定。

（1）透水铺装对 COD 的去除效果较为稳定，当 COD 进水浓度为 83mg/L、213mg/L 和 489mg/L 时，去除率分别为 90.36%～97.59%、93.90%～98.59% 和 95.91%～98.36%。对于高、中、低三种浓度进水，透水铺装对 COD 去除率随时间变化较小，从反渗层开始出流至出流 120h，COD 去除率均大于 90%，由此可知透水铺装对 COD 有着较好的去除效果。

在透水铺装的系统中，COD 主要依靠材料基质吸附、结构层空隙截留和微生物降解作用去除。本书中的透水铺装为新建设施，内部环境较为简单，微生物作用弱，因此，本书透水铺装主要依靠材料基质吸附和空隙截留作用去除。

本实验透水铺装对 COD 净化效果良好，因为透水砖中的水泥颗粒水化后形成的硅化物及凝胶等在 COD 吸附过程中一定程度上起到絮凝剂的作用。当进水 COD 浓度分别为 83mg/L、213mg/L 和 489mg/L 时，出水浓度分别为 4～8mg/L、4～13mg/L 和 8～20mg/L 之间；当进水 COD 浓度为 83～213mg/L 时，自出流起出水即可达到地表水 I、II 类标准（15mg/L）；当进水 COD 浓度为 489mg/L 时，自出流起 48h 后出水可达到地表水 III 类标准（20mg/L）。

COD 削减效果随时间变化体现为，自出流起 24h 内出水浓度随时间增加而减少，24h 后出水浓度随时间增加而稍有上升，总体呈现去除率有所波动且降雨初期略高于降雨后期态势。这是由于降雨初期，透水砖铺装结构层材料内有大量活性吸附位，随着降雨的持续，填料内部的吸附点逐渐被吸附并饱和，导致吸附能力下降。最终，COD 达到了"吸附—解吸"动态平衡。COD 去除率及出水浓度随时间变化规律如图 5-14 所示。

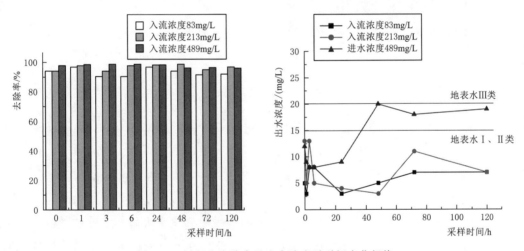

图 5-14　COD 去除率及出水浓度随时间变化规律

（2）透水铺装对 NH_3-N 的去除效果也较为显著和稳定，当进水 NH_3-N 浓度为 1.29mg/L、1.38mg/L 和 4.96mg/L 时，去除率分别为 96.90%～99.03%、99.09% 和 99.40%～99.75% 之间，自反滤层开始产流后，去除率基本保持稳定变化不大，且在高浓度进水条件下波动最小。本实验采用添加 NH_4Cl 模拟 NH_3-N，因此在透水砖铺装系统中，NH_3-N 主要以 NH_4^+-N（溶解态）为主。NH_4^+-N 的去除机理主要依靠铺装材料的物理吸附（静电力）与离子交换作用。水泥透水砖对 NH_4^+-N 去除效果较好，这是由于水泥透水砖中含有带负电的水泥硅相矿物与水化产物，NH_4^+-N 带正电荷，通过静电吸附作用，使得 NH_4^+-N 从径流中去除。

本实验透水铺装对 NH_3-N 净化效果良好。当进水 NH_3-N 浓度为 1.29mg/L、

1.38mg/L 和 4.96mg/L 时，出水浓度分别为 0.025～0.04mg/L、小于 0.025mg/L 和 0.025～0.03mg/L。纳氏试剂分光光度法 NH_3-N 检出限为 0.025mg/L，当进水 NH_3-N 浓度为 1.38mg/L 时，自反渗层出流起，出水样品中 NH_3-N 浓度均低于检出限。当进水 NH_3-N 浓度为 1.29～4.96mg/L 时，自反滤层开始出水后，出水浓度最大值不超过 0.04mg/L，远小于地表水Ⅰ类标准（0.15mg/L），且远小于地下水Ⅱ类标准（0.1mg/L）。NH_3-N 去除率及出水浓度随时间变化如图 5－15 所示。

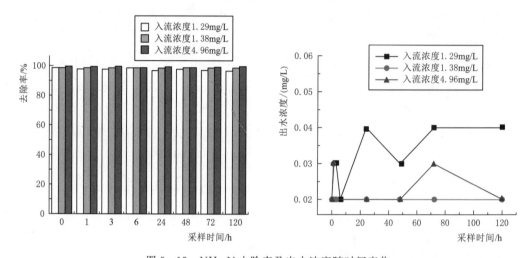

图 5－15 NH_3-N 去除率及出水浓度随时间变化

（3）透水铺装对 TP 的去除效果表明，当进水 TP 浓度为 0.21mg/L、0.35mg/L 和 1.41mg/L 时，去除率分别为 66.67%～90.48%、91.43%～94.29% 和 97.87%～98.58%。在低浓度时，去除率随时间变化波动较大，中、高浓度时，去除率随时间变化波动较小。

透水铺装对磷酸根离子的去除机理主要为物理吸附和化学吸附，同时，磷酸根离子易附着于水中悬浮颗粒，随 SS 的去除而同时去除。已有研究表明，水泥对磷具有较强的吸附能力，水中的磷酸盐能被普通硅酸盐水泥有效吸附，生成 $[Ca_5(PO_4)_3(OH)_{1-x}F_x]$ 或 $[Ca_5(PO_4)_3F]$ 沉淀。此外，水泥颗粒对磷酸盐具有较好的吸附效果，主要生成碳酸钙和磷石膏两种晶体，基于水泥良好的吸附作用，使水泥透水砖对 TP 具有良好的吸附效果。

本实验透水铺装结构为透水混凝土面层与干性水泥砂浆找平层，对 TP 净化效果良好。当进水 TP 浓度为 0.21mg/L、0.35mg/L、1.41mg/L 时，出水浓度分别为 0.01～0.06mg/L、0.01～0.03mg/L、0.02～0.11mg/L。在高、中、低三种进水污染物浓度情况下，自出流起即可达到地表水Ⅱ类标准（1mg/L）；当进水 TP 浓度为 0.35mg/L、1.41mg/L 时，出流后 120h 后出水可达到地表水Ⅰ类标准（0.02mg/L）。TP 去除率及出水浓度随时间变化规律如图 5－16 所示。

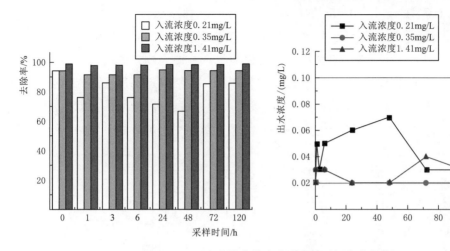

图 5-16 TP 去除率及出水浓度随时间变化规律

5.3.1.3 不同深度出水污染物浓度

由于实验透水铺装渗透性能良好，雨水快速下渗，实验设计中 1～5 号位于原状土层之上的土壤水分提取器均未能采集到水样，故针对位于透水铺装底部的原状土层进行分层污染物削减效果分析。

1. COD 分层削减过程

原状土层对中、低浓度 COD 削减效果影响较小，对高浓度 COD 削减效果影响明显。在进入原状土层之前，透水铺装层对 COD 已经削减超过 50％。83mg/L、213mg/L 和 489mg/L 三种浓度的 COD 的进水，在进入原状土层时浓度分别为 39mg/L、8mg/L 和 230mg/L，去除率对应为 53.01％、96.24％和 52.96％。在经过 450mm 原状土层后，出水水质可达到地表水Ⅰ、Ⅱ类标准。COD 去除率及出水浓度纵向变化规律如图 5-17 所示。

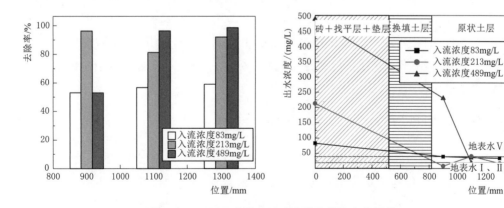

图 5-17 COD 去除率及出水浓度纵向变化规律

2. TP 分层削减过程

原状土层对 TP 削减效果不显著，在进入原状土层之前，透水铺装层对 TP 已经削减超过70%。对于0.21mg/L、0.35mg/L和1.41mg/L三种浓度的TP进水，在进入原状土层时浓度分别为0.06mg/L、0.09mg/L和0.16mg/L，去除率对应为71.43%、74.28%和88.65%。透水铺装对磷酸根离子的去除机理主要为物理吸附和化学吸附，并且水泥对磷具有较强的吸附能力，因此透水铺装面层、找平层与垫层在透水铺装对磷的去除中起到重要作用，故原状土层对TP削减效果较小。在经过450mm原状土层后，出水水质可达到地表水Ⅱ类标准。TP去除率及出水浓度纵向变化规律如图5-18所示。

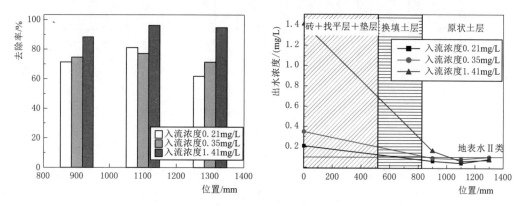

图5-18　TP去除率及出水浓度纵向变化规律

3. NH$_3$-N分层削减过程

原状土层对TP削减效果不显著，在进入原状土层之前，透水铺装层对NH$_3$-N已经削减超过60%，特别是在高浓度NH$_3$-N进水情况下，原状土层之前NH$_3$-N去除率已接近99%。对于1.29mg/L、1.38mg/L和4.96mg/L三种浓度的NH$_3$-N进水，在进入原状土层时浓度分别为0.42mg/L、0.16mg/L和0.05mg/L，去除率对应为67.44%、88.41%和98.99%。本实验中NH$_4^+$-N为NH$_3$-N的主要存在形式，去除机理主要依靠铺装材料的物理吸附（静电力）与离子交换作用。因此透水铺装面层、找平层与垫层在透水铺装对氨氮的去除中起到重要作用，故原状土层对NH$_3$-N削减效果较小。在经过450mm原状土层后，出水水质可达到地表水Ⅰ类标准。NH$_3$-N去除率及出水浓度纵向变化规律如图5-19所示。

5.3.2　生物滞留设施面源污染物迁移转化过程

当前对生物滞留设施的污染物削减效果研究，以关注砾石层出流水质变化情况为主，缺乏对生物滞留设施深层下渗后原状土层出流水质情况的研究。本实验基于在北京西郊砂石坑建立了基于称重式蒸渗仪的生物滞留设施实验区，以COD、NH$_3$-N和TP为评价指标，开展人工降雨条件下的深层下渗出流污染物浓度随时间变化过程分析，研究其生物滞留设施的纵向结构对污染物的去除能力及污染物削减规律。并开展不同设施深度污染物浓度变化研究，获取不同情景下水质变化过程数据，为生物滞留设施降雨—径

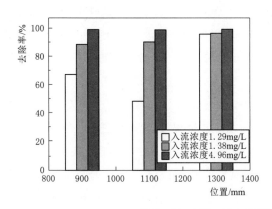
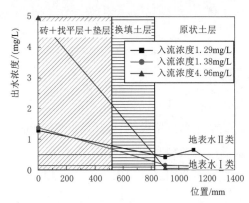

图 5-19　NH₃-N 去除率及出水浓度纵向变化规律

流一产污过程的定量研究提供数据基础，进而支撑生物滞留设施径流减控与污染物削减计算模型的构建。

5.3.2.1　实验材料与方法

实验生物滞留设施被布设在 $2 \times 2m$ 的蒸渗仪铁箱中，它的来水面为 $21m^2$ 的凉亭屋面，分层结构从上至下依次为：第一层为 150mm 蓄水层；第二层为 50mm 的树皮覆盖层；第三层为 300mm 的砂、草炭和黏土的混合物，含量分别为 75%、20% 和 5%；第四层为 300mm 的砂、壤土、蛭石和珍珠岩的混合物，含量分别为 75%、10%、5% 和 10%，用透水土工布与砾石层隔开；第五层为 300mm 的砾石层；第六层为 400mm 的原状土层；最底层为 200mm 的反滤层。

为精确监测生物滞留设施纵向结构的水质变化规律，在蒸渗仪中分别布设了 8 个土壤溶液提取装置，可定点定位连续采集土壤水。生物滞留设施土壤溶液提取点示意图如图 5-20 所示。

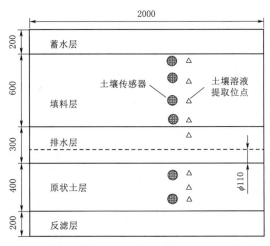

图 5-20　生物滞留设施土壤溶液提取点示意图（单位：mm）

土壤溶液提取点位分别为距生物滞留设施土面 100mm、250mm、350mm、450mm、700mm、1000mm、1100mm 和 1200mm 处，即 1 号提取器出水流经了 100mm 过滤层，2 号提取器出水流经了 250mm 过滤层，3 号提取器出水流经了 350mm 过滤层，4 号提取器出水流经了 450mm 过滤层，5 号提取器出水流经了 600mm 过滤层和 100mm 排水层，6 号提取器出水流经了整个生物滞留设施纵向结构和 100mm 原状土层，7 号提取器出水流经了整个生物滞留设施纵向结构和 200mm 原状土层，8 号提取器出水流经了整个生物滞留设施纵向结构和 300mm 原状土层。

本次实验用水采用人工配水，由于天然降雨具有水质不稳定性，且各个区域差别较大，不易获取。通过分析天然降雨水质数据，得出实验区天然降雨污染物浓度范围。此外，依据《雨水控制与利用工程设计规范》（DB 11/685—2013）中北京地区屋面雨水初期径流水质指标参考值为：COD，1500～2000mg/L；NH$_3$-N，10～25mg/L；TP，0.4～2.0mg/L。实验情景设计见表 5-20。

表 5-20 实验情景设计

序号	COD /(mg/L)	NH$_3$-N /(mg/L)	TP /(mg/L)	进水量 /m^3	汇水面积 /m^2	设计降雨强度 /(mm/min)
1	64	1.38	0.35	0.722	21	0.287
2	213	1.29	0.21	0.711	21	0.282
3	489	4.96	1.41	0.755	21	0.300

综合考虑实验区实际测量雨水水质与规范建议水质，设置污染物浓度区间如下：COD 为 50～500mg/L；NH$_3$-N 为 1～5mg/L；TP 为 0.2～1.5mg/L。通过添加化学药品 C$_6$H$_{12}$O$_6$、NH$_4$Cl 和 KH$_2$PO$_4$ 来分别模拟 COD、NH$_3$-N、TP 等指标，设计一系列浓度梯度的实验，使用药品均为分析纯。

实验方案设计以研究生物滞留设施滞蓄和净化雨水的能力为主。实验采用水泵供水的方式模拟雨水输入，重点关注入水浓度对生物滞留设施净化效果的影响。其中，重现期根据《室外排水设计规范》（GB 50014—2021）选用较小重现期，汇水面积依据实际设计情况为 5.25 倍。设计流量公式为

$$Q = q\varphi F \tag{5-5}$$

式中　Q——雨水系统设计流量，L/s；
　　　φ——汇水面综合径流系数；
　　　q——设计暴雨强度，L/(s·hm^2)；
　　　F——汇水面积，hm^2。

实验过程利用水箱开展人工降雨实验，水箱长 3m、宽 2m、高 1m。每次实验配制 3m^3 的模拟雨水，为防止水质变化，实验用水于实验前配制，实验时持续对水箱内的配水进行搅拌，使溶液保持混合均匀。采用间歇进水方式，每次进水 2h，每次试验后落干 7d

再开展下一组实验。

对进水、8个土壤溶液提取装置和反滤层出水进行取样监测。结合径流雨水特点,自取水口产流时起 1h、3h、6h、1d、2d、3d 和 5d 进行采样,直至径流结束或趋于稳定为止。

测定出水污染物浓度,计算污染物去除效率,分析污染物浓度在生物滞留设施垂直方向上的分布,探讨各结构层在水质效应方面的作用。本实验在测定水质参数时,均采用《水和废水检测分析方法》(第四版)规定的国家标准分析方法。污染物浓度去除率和污染物负荷去除率的计算方法同透水铺装实验,依据《水环境监测规范》(SL 219—2013),当测定结果低于分析方法的最低检出浓度时,用"<DL"表示,并按 1/2 最低检出浓度值参加统计处理。

5.3.2.2 不同污染物浓度削减效果对比

1. 平均去除率

生物滞留设施对不同浓度的污染物削减效果良好,当 COD、NH_3-N 和 TP 三种污染物在高、中、低三种污染物进水浓度情景下,总去除率均在 90% 左右。当进水 COD 浓度为 83~489mg/L 时,反滤层出水中 COD 平均浓度为 7.88~18.25mg/L,去除率为 90.51%~96.27%;当进水 NH_3-N 浓度为 1.29~4.96mg/L 时,反滤层出水中 NH_3-N 平均浓度为 0.02~0.03mg/L,去除率为 97.43%~99.40%;当进水 TP 浓度为 0.21~1.41mg/L 时,反滤层出水中 TP 平均浓度为 0.02~0.04mg/L,去除率为 88.89%~96.99%。

对于 COD、NH_3-N 和 TP,高浓度进水情况下的去除率和去除率稳定性都明显较高。COD、TP 和 NH_3-N 分别在进水浓度高达 489mg/L、1.41mg/L 和 4.96mg/L 的情况下,出水浓度分别保持在 18.25mg/L、0.04mg/L 和 0.03mg/L,去除率分别达到 96.27%、96.99% 和 99.40%。因此,对于高浓度 COD、TP 和 NH_3-N 污染物的雨水径流,生物滞留设施能保持高效、稳定的去除效果。污染物去除效果分析如图 5-21 所示。

2. 反滤层出水随时间变化规律

生物滞留设施剖面分为植物层、蓄水层、土壤层、过滤层(或排水层)等。表面蓄水层提供空间暂时滞留、调蓄径流;土壤层提供植被和微生物群落生长的载体;过滤层采用级配细砂与有机质的混合料,截留、吸附污染物净化初期径流;排水层采用砾石,传导过滤后的径流至穿孔排水管中;部分生物滞留设施不设穿孔排水管,处理后的雨水直接渗入底部土壤。

对于 COD、TP 和 NH_3-N,高浓度进水的去除率和去除率稳定性都明显高于低浓度情景。其中,TP 和 NH_3-N 的去除效果尤其显著。

当 COD 进水浓度分别为 83mg/L、213mg/L 和 489mg/L 时,其去除率分别为 81.93%~97.59%、92.49%~97.65% 和 93.46%~97.14%。相较于高浓度进水,低浓

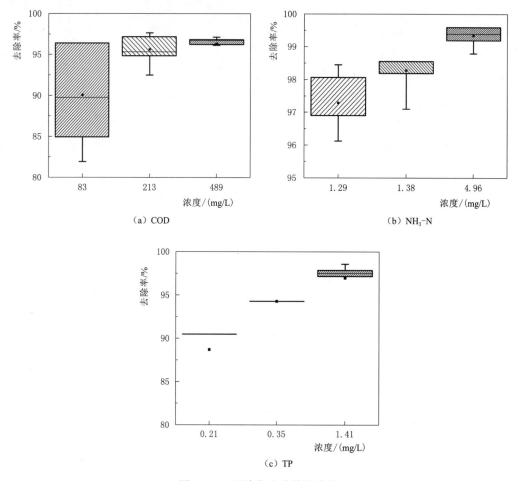

图 5-21 污染物去除效果分析

度进水去除率随时间变化较大，表现为自出流开始 6h 内去除率较高，大于 85%，6h 后去除率逐渐下降。生物滞留设施中 COD 的去除是微生物降解与土壤吸附共同作用的结果，且研究表明微生物的降解在 COD 削减方面起到主导作用。污染物进入种植层后，有机颗粒或有机胶体物质先被土壤过滤吸附，利用土壤—植物—微生物生态系统的自净功能和自我调控机制，通过系列的物理、化学和生物过程，使有机物得到有效降解。

通常雨水中污染物的生物处理分好氧和厌氧两大机制。对 COD 的生物降解是以好氧生物为主导的生物降解过程。本书中 3 种 COD 进水浓度去除率随时间均有不同程度的波动，原因可能降雨初期（0~6h），生物滞留设施中氧气充足，好氧菌不仅从水中得到充足的营养而且仍有一定的好氧条件，因而迅速生长繁殖，COD 去除率增高，出水浓度下降。随着降雨入渗增加（6~72h），设施内部逐渐被水充满，好氧菌因氧气不足使生长繁殖受到抑制，数量下降，待到 72h 之后，生物滞留设施内部落干，通气条件改善，好氧菌又以土壤截留的 COD 为碳源得以迅速增长，并使其得到分解，去除率升高。总体而言，生物滞留设施对 COD 净化效果良好。当进水 COD 浓度为 83mg/L、213mg/L 和 489mg/L 时，出水浓度分别为 4～15mg/L、5～16mg/L 和 14～32mg/L；当进水 COD 浓度为 83～213mg/L 时，自出流起 24h 后出水可达到地表水 I 类标准（15mg/L）；当进水 COD 浓度为 489mg/L 时，自出流起 72h 后出水可达到地表水 III 类标准（20mg/L），随后污染物浓度持续降低。生物滞留设施 COD 去除率及出水浓度随时间变化规律如图 5-22 所示。

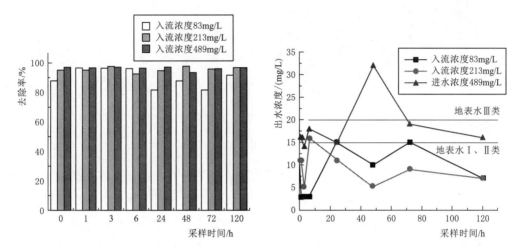

图 5-22　生物滞留设施 COD 去除率及出水浓度随时间变化规律

当进水 NH_3-N 浓度为 1.29mg/L、1.38mg/L 和 4.96mg/L 时，生物滞留设施的去除率分别为 96.12%～99.03%、97.10%～99.09% 和 98.79%～99.75%，自反滤层开始产流起，去除率几乎没有变化，且在高浓度进水条件下波动最小。NH_3-N 的去除主要依靠硝化作用将 NH_3-N 转化为硝酸盐氮，此外由于土壤胶粒带负电，NH_3-N 带正电，NH_3-N 被吸附除去。本实验中 NH_3-N 去除效果良好且稳定，出水几乎监测不到 NH_3-N，原因一是填料层空隙较多，硝化作用较好；二是人工模拟降雨未加入重金属元素，土壤胶粒对钙、铁、锰等金属离子吸附较少，从而增加对 NH_3-N 的吸附。

生物滞留设施对 NH_3-N 净化效果良好。当进水 NH_3-N 浓度为 1.29mg/L、1.38mg/L 和 4.96mg/L 时，出水浓度分别为 0.025～0.05mg/L、0.025～0.04mg/L 和 0.025～0.06mg/L；当进水 NH_3-N 浓度为 1.29～4.96mg/L 时，自反滤层出水开始，出水浓度最大值不超过 0.06mg/L，远小于地表水 I 类标准（0.15mg/L），且远小于地下水 II 类标准（0.1mg/L）。出流 120h 后，反渗层出水 NH_3-N 浓度小于 0.025mg/L。NH_3-N 去除率及出水浓度随时间变化如图 5-23 所示。

当进水 TP 浓度分别为 0.21mg/L、0.35mg/L 和 1.41mg/L 时，生物滞留设施的去除率分别为 71.43%～95.24%，91.43%～97.14% 和 92.20%～98.58%，去除率随时间变化波动较小。降雨产流的磷主要分为颗粒态磷（PP）和溶解态磷（DP）。在生物滞留

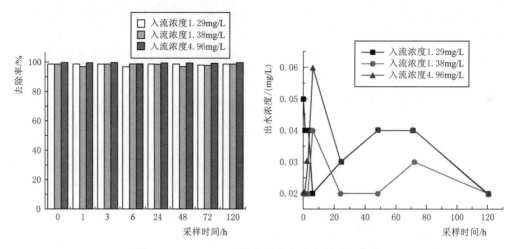

图 5-23 NH₃-N 去除率及出水浓度随时间变化

设施中,磷的去除主要由系统的渗透、过滤、吸附离子交换、植物吸收、微生物摄取、挥发、蒸发等联合作用。对雨水径流中磷的去除可分为两个方面:介质层的物理化学作用和生物的吸收同化作用。通常介质层吸附磷的过程分为快反应和慢反应。填料表面吸附捕获 PP 以及介质中的金属离子与 DP 结合成磷酸盐,最后更换介质表层即可去除滞留的磷。生物的吸收同化作用则主要为微生物通过好氧过程和厌氧过程对径流雨水中的磷进行降解转化成无机盐,植物生长发育过程将吸收利用这部分无机盐,最后固化在植物中的磷元素则可通过收割植物的方式得到去除。由于生物吸收同化作用较慢,而本实验中 TP 去除率随时间变化不大,说明在本实验设计的整个生物滞留设施中,物理化学反应为去除 TP 的主要过程。

生物滞留设施对 TP 净化效果良好。当进水 TP 浓度分别为 0.21mg/L、0.35mg/L 和 1.41mg/L 时,出水浓度分别为 0.01～0.06mg/L、0.01～0.03mg/L 和 0.02～0.11mg/L。当进水 TP 浓度为 0.21mg/L 时,自出流起 24h 后出水可达到地表水 Ⅰ 类标准(0.02mg/L);当进水 TP 浓度为 1.41mg/L 时,自出流起 120h 后出水可达到地表水 Ⅰ 类标准;当进水 TP 浓度为 0.21～1.41mg/L 时,自出流起 72h 后出水可达到地表水 Ⅱ 类标准(0.1mg/L)。TP 去除率及出水浓度随时间变化规律如图 5-24 所示。

5.3.2.3 不同深度出水污染物浓度分析

1.COD 分层削减过程

本实验在三种 COD 浓度的进水条件下,出水 COD 纵向变化整体规律为出水浓度经过种植土层后先下降后增加,到填料层下降,随后在砾石层进一步被去除,直到经过原状土层后浓度大大降低。经种植土层、填料层、砾石层及原状土层后出水浓度分别为 52mg/L、3mg/L 和 9mg/L。进水浓度 83mg/L 时,砾石层和原状土层出水反而比进水浓度 213mg/L 时高,造成这种现象的原因可能:一是当进水 COD 浓度低时,生物滞留设

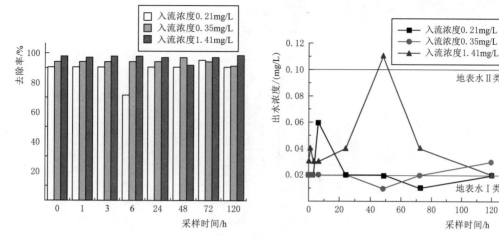

图 5-24 TP 去除率及出水浓度随时间变化规律

施中碳源不充足,微生物生长缓慢,从而分解 COD 较少;二是进水浓度 83mg/L 实验为系列实验中的第一场,实验前干期较长,开展人工降雨时可能导致设施内有机物淋洗出而使出水 COD 浓度偏大。

由于生物滞留设施的下渗过程较快,植物对有机物的吸收作用相对较小,对有机物去除有促进作用,体现为植物庞大的根系为微生物膜提供附着场所,并通过根系供氧、根系分泌物等改变系统的微生境,促进有机物的氧化分解。垂直下渗过程中,COD 随着设施内深度的增加而进一步去除,进一步被填料表面的生物膜降解而去除。进水浓度 83mg/L 时,种植土层、填料层、砾石层和原状土层对应的平均去除率分别为 -41.57%、-42.17%、1.20% 及 20.48%;进水浓度 213mg/L 时,种植土层、填料层、砾石层和原状土层对应的平均去除率分别为 27.93%、40.85%、96.24% 及 93.27%;进水浓度 489mg/L 时,种植土层、填料层、砾石层和原状土层对应的平均去除率分别为 40.08%、26.07%、60.94% 及 84.25%。

生物滞留设施的种植土层、填料层和原状土层在 COD 的去除过程中均起到重要作用,径流出水在流经种植土层和填料层后,砾石层出水平均去除率可达到 60%~90%。原状土层在高浓度 COD 进水时起到重要作用,当进水浓度为 489mg/L 时,经过原状土层出水浓度可达到地表水 I 类标准,砾石层出水浓度为原状土层出水浓度的 21 倍。可能是因为污染物在反滤层停留时间更长,反应充分。本书中,砾石层平均出流时间为 10h 之内,而反滤层平均出流时间为 9d。高浓度 COD 进水时,在种植土层和填料层发生一系列物理、生物和化学反应,但由于污染物浓度高及介质疏松,导致下渗速率较快,反应不充分,而进入原状土层后下渗速度减慢,与土壤中微生物充分反应,达到较好的净化效果。

由此可知原状土层在 COD 去除中有着重要作用,因此在关注生物滞留设施对 COD 指标的去除效果时,除了关注砾石层出水外,重点要关注原状土层的出水指标值。在进水浓度 83mg/L 时,不同深度出水 COD 去除率呈现部分负值,可能原因为 COD 进水浓度低,下渗过程中种植土层为砂、草炭和黏土的混合物中部分有机物质随雨水淋出。COD 去除率及出水浓度纵向变化规律如图 5 - 25 所示。

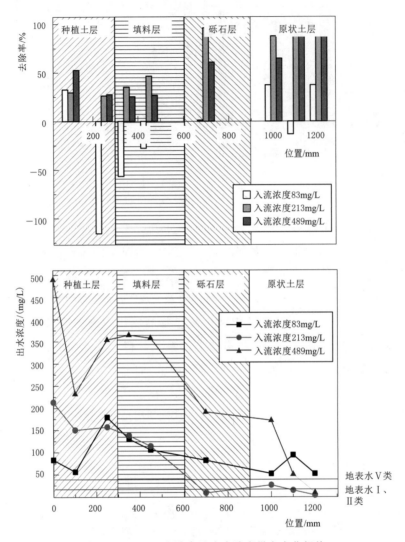

图 5 - 25 COD 去除率及出水浓度纵向变化规律

2. TP 分层削减过程

当设计 3 种不同浓度 TP 进水时,不同浓度的出水均在填料层达到最小浓度,经过砾石层和原状土层后反而略有升高。当进水浓度为 0.35mg/L 及 1.41mg/L 时,经过种植土层后出水 TP 浓度均低于 0.02mg/L,符合地表水 Ⅰ 类标准。进入砾石层和原状土层后,原状土层中土壤胶粒带负电,对 TP 吸附去除作用较小,且土壤中本底氮、磷等营养元素可能随降雨淋洗出,导致出水浓度反而略微上升。

种植土层在 TP 的去除中起到重要作用,雨水入渗流经 300mm 的种植土层后进入填料层,达到出水浓度最低值。进水浓度 0.21mg/L 时,种植土层、填料层、砾石层和原状

106

土层对应的平均去除率分别为 42.86％、90.48％、76.19％ 及 82.54％；进水浓度 0.35mg/L 时，种植土层、填料层、砾石层和原状土层对应的平均去除率分别为 95.71％、97.14％、91.43％ 及 92.38％；进水浓度为 1.41mg/L 时，种植土层、填料层、砾石层和原状土层对应的平均去除率分别为 94.33％、99.47％、97.87％ 及 97.64％。实验用生物滞留设施种植土层材料为 75％砂、20％草炭和 5％黏土。雨水入渗径流的 TP 在经过 300mm 种植土层后去除率接近 95％，这是因为种植土层砂与黏土混合物对 TP 有较好的去除效果。TP 去除率及出水浓度纵向变化规律如图 5-26 所示。

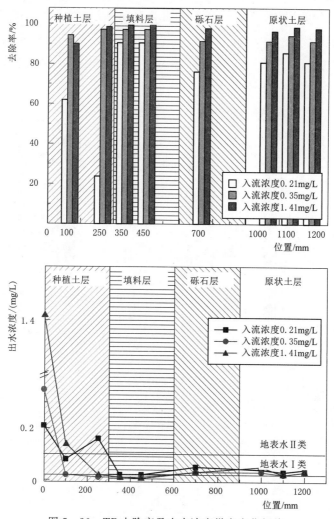

图 5-26　TP 去除率及出水浓度纵向变化规律

3. NH₃-N 分层削减过程

当设计 3 种不同浓度 NH$_3$-N 进水时，出水 NH$_3$-N 浓度总体趋势为随着深度的增加，出水浓度减小。进水浓度为 1.38mg/L 时流经 100mm 种植土层去除率达到 72.46％，然而随着继续下渗，去除率反而降低，原因可能为该次实验为人工降雨水质系列实验中的第一场实验，且实验前干期较长，人工降雨后种植土层、填料层中污染物被淋洗出，影响实验结果。当设备稳定运行后，设计进水浓度为 1.29mg/L 及 4.96mg/L 时，未出现较大异常值。

在进水浓度为 1.29mg/L 及 4.96mg/L 时，雨水流经砾石层的出水可达到地表水Ⅱ类标准，原状土层出水可达到地表水Ⅰ类标准，说明生物滞留设施对 NH_3-N 有较好的去除效果。种植土层在 NH_3-N 的去除中起到重要作用，雨水流经 300mm 的种植土层后进入填料层，进水浓度为 1.29mg/L 及 4.96mg/L 时，种植土层出水接近于地表水Ⅱ类标准。随后在原状土层进一步净化后，达到地表水Ⅰ类标准。进水浓度为 1.29mg/L 时，种植土层、填料层、砾石层和原状土层对应的平均去除率分别为 63.95%、63.18%、65.12% 及 96.38%；进水浓度为 4.96mg/L 时，种植土层、填料层、砾石层和原状土层对应的平均去除率分别为 82.56%、89.72%、95.36% 及 94.15%。NH_3-N 去除率及出水浓度纵向变化规律如图 5-27 所示。

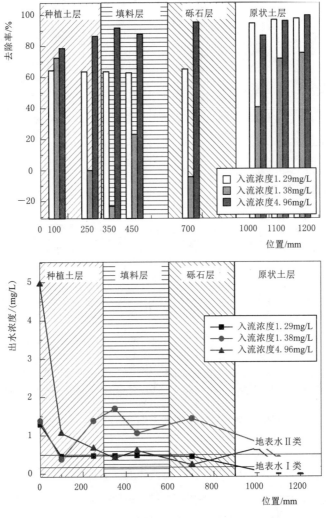

图 5-27 NH_3-N 去除率及出水浓度纵向变化规律

5.4 本章小结

（1）在全面进行文献调研的基础上，整合从文献中提取的面源污染监测数据成果，综合识别全国范围典型城市下垫面的面源污染规律，并初步定量了城市面源污染对雨污合流制排水分区雨水径流污染的贡献率。数据资料覆盖我国中东部地区的 37 个市，监测对象包括屋面、道路和绿地等城市下垫面类型，考虑 SS、COD、NH_3-N、TP 和 TN 共 5 种污染物指标。从总体特征分析的角度，除屋面 TP 和绿地 NH_3-N 指标外，其他面源污染质量浓度平均值均远超出国家 Ⅴ 类水标准。对于不同下垫面的径流污染规律，SS、COD 和 TP 指标在道路雨水径流污染中最为突出（平均值分别为 505.04mg/L、67.92mg/L 和 0.89mg/L），TN 和 NH_3-N 指标在屋面雨水径流污染中最为突出（平均值分别为 8.85mg/L 和 6.43mg/L），绿地雨水径流污染物质量浓度相对最低，但 SS 指标有较大的波动范围。在不同指标之间的相关关系方面，SS 在道路下垫面中与其他指标存在较高的相关性（决定性系数约为 0.50），而在屋面和绿地中与其他指标相关性较差。较分流制排水系统而言，雨污合流制排水系统的径流污染更加严重，其中生活污水对 SS 的贡献率较低，仅为 17.19%，但对其他污染物的贡献较为明显，按照贡献率由高到低，依次为 TP（84.45%）、NH_3-N（79.06%）、COD（51.06%）和 TN（40.81%）。

（2）通过在示范区开展的现场采样与检测分析，定量 SS、COD、NH_3-N、TP 及 TN 地表负荷范围分别为：公路，51.02～892.86mg/m^2、24.91～75.00mg/m^2、0.61～6.52mg/m^2、0.20～1.23mg/m^2 和 3.51～12.00mg/m^2；公园道路，51.00～446.43mg/m^2、26.11～50.00mg/m^2、0.59～7.50mg/m^2、0.15～0.48mg/m^2 和 1.89～13.00mg/m^2；小区道路，140.31～2363.95mg/m^2、27.21～80.00mg/m^2、0.58～4.49mg/m^2、0.14～0.61mg/m^2 和 0.50～9.01mg/m^2。

（3）透水铺装是一种有效的海绵措施，具有高透水性和一定的污染物削减能力。一般由面层、找平层、垫层等部分构成，具有多层次的内部结构，可通过结构层的吸附、截留和过滤等作用实现径流雨水中污染物的去除。不同污染物浓度削减效果对比研究结果表明，实验透水铺装设施在高浓度污染物进水情况下，对 COD、NH_3-N 和 TP 去除率稳定且高效。在一场降雨的不同时段，各污染物的去除效果也不同，降雨初期时污染物去除率波动较大，随着降雨过程的持续，各种污染物的去除效果逐渐趋于稳定。COD、NH_3-N 和 TP 在高浓度情景下去除率分别为 97.37%、98.32% 和 99.62%。出水 COD 浓度为影响出流水质的限制因素，在高浓度情景下，自出流起 48h 后 COD 出水浓度可达到地表水 Ⅲ 类标准，自出流起 NH_3-N 浓度远小于地表水 Ⅰ 类标准，自出流起 TP 出水浓度均可达到地表水 Ⅱ 类标准、120h 后可达到地表水 Ⅰ 类标准。

对污染物浓度在设施内部纵向分布规律研究表明，对于 COD 的去除，透水铺装面

109

层、找平层、垫层和原状土层均起到重要作用，主要去除机制为材料基质吸附和空隙截留作用。对于 $NH_3\text{-}N$ 和 TP 的去除，透水铺装面层、找平层和垫层起到重要作用。在进入原状土层之前，$NH_3\text{-}N$ 已经削减超过 60%，TP 已经削减超过 70%。去除机制以物理化学反应为主，主要原因为透水砖中含有带负电的水泥硅相矿物与水化产物，通过静电吸附作用，使得 $NH_3\text{-}N$ 从径流中去除；水泥颗粒与生成晶体，使得磷酸盐从径流中去除。

（4）生物滞留设施通过一系列作用，包括物理、化学、生物等，通过填料的吸附作用、植物根系作用以及生物滞留池里面的微生物作用，使水质得到净化，经底部穿孔排水管排放水体或者收集利用。不同污染物浓度削减效果对比研究结果表明，实验生物滞留设施在高浓度污染物进水情况下，对 COD、$NH_3\text{-}N$ 和 TP 去除率稳定且高效。COD、$NH_3\text{-}N$ 和 TP 在高浓度情景下去除率分别为 96.27%、96.99% 和 99.40%。出水 COD 浓度为影响出流水质的限制因素，在高浓度情景下，自出流起 72h 后 COD 出水浓度可达到地表水Ⅲ类标准，自出流起 $NH_3\text{-}N$ 浓度远小于地表水Ⅰ类标准，自出流起 72h 后 TP 出水浓度均可达到地表水Ⅱ类标准。

对污染物浓度在设施内部纵向分布规律研究表明，对于 COD 的去除，种植土层、填料层和原状土层均起到重要作用，主要去除机制为微生物降解作用。在进水浓度 489mg/L 时，砾石层出水浓度为原状土层出水浓度的 21 倍，表明对于高浓度 COD 进水情况下，应加强对深层下渗与原状土层出水监测。对于 $NH_3\text{-}N$ 和 TP 的去除效应，种植土层起到重要作用，去除以物理化学反应为主，砾石层出水与原状土层出水差别较小，砾石层出流即可达到地表水Ⅱ类标准。

第 6 章

海绵城市多尺度监测与评价技术研究

自提出海绵城市以来，我国已经先后开展了两批国家级海绵城市试点建设，目前已有 30 座城市开展了国家级海绵城市试点建设（章林伟，2018）。随着海绵城市建设工作的推进，不少试点区出现了偏重工程规划、设计、建设等，忽略了建设效果的监测评价等问题，2018 年发布的《海绵城市建设评价标准》（GB/T 51345—2018）要求海绵城市建设效果评估指标均需基于监测获得（杨一夫，2017）。海绵城市试点区一般包括新建城区和老城区，涵盖商业区、行政区、居民区等不同的下垫面类型，不同的下垫面类型包含透水铺装（胡云进等，2021）、下凹式绿地（张国庆，2021）等不同类型的海绵设施。为做好海绵城市建设效果评估工作，海绵设施、排水口等基础监测设施必不可少。

当前，我国海绵城市建设进入全域推广阶段，亟须加强对海绵城市建设效果评价的相关研究。为了客观评价海绵城市建设效果，指导海绵城市建设的考核自评工作，住房和城乡建设部办公厅于 2015 年颁布了《海绵城市建设绩效评价与考核办法（试行）》，该办法从宏观角度提出了包括水生态、水环境、水资源、水安全、制度建设及执行情况和显示度 6 方面内容的评价体系及 18 项考核指标。年径流总量控制率和污染物总量削减率是其中两个重要的考核指标。《海绵城市建设评价标准》（GB/T 51345—2018）对年径流总量控制率及径流体积控制、源头减排项目实施有效性、陆面积水控制与内涝防治、城市水体环境质量、自然生态格局管控、地下水埋深变化趋势和城市热岛效应缓解 7 方面评价内容提出了评价要求。但目前由于各地城市下垫面、地形、气候等差异，海绵城市建设效果评价相关标准无法完全适用于各城市的海绵城市建设效果评价，各地方海绵城市建设效果评价体系亟待完善。另外，缺乏监测资料的区域由于基础资料和监测数据的缺乏，海绵城市建设效果评价实施难度大。

6.1 海绵城市监测技术

本书总结了海绵城市监测技术与方案，监测尺度包括海绵城市建设前的背景监测、海绵设施监测、场地尺度监测、排水分区尺度监测和城市尺度监测 5 个方面。并以北京城

111

市副中心国家海绵城市建设试点示范工程监测方案为例，提出了海绵城市监测重点面临的难题及其解决方案。为构建完善的在线监测体系，支持海绵城市建设与评估考核，进行雨量、水位、流量、水质、温度等多指标的综合监测。监测点的选取应充分考虑实用性、代表性和便利性等原则，监测设备的选择应考虑监测周期、数据获取便利性、成本等综合因素，分析结果可为全国海绵城市监测工作方案制定及其评估提供参考。

6.1.1 海绵城市建设前的背景监测技术与方案

海绵城市建设背景监测主要包括监测区域内的降雨、温度、湿度、大气沉降和内涝积水情况，提供监测区域自然气候方面的本底数据，以及监测区域内的天然气候条件、降雨数据和内涝点数据。

6.1.1.1 降雨监测

降雨监测是监测区域的基础气候数据，水量和水质监测数据都需要结合降雨数据，才能对海绵城市建设年径流总量控制率、年径流污染削减率等关键考核指标进行评价。降雨监测要素主要包括降雨量和降雨强度，监测精度和频率一般分为 1min、5min 和 10min。

降雨监测设备为雨量计，常用的雨量计类型包括翻斗式雨量计和称重式雨量计、虹吸式雨量计 3 类（表 6-1）。由于降雨受气候、地理位置、地形、城市建筑等因素影响，在时间和空间上存在较大差异，因此雨量计监测点应根据监测区域、监测项目、监测设施等具体情况确定其布设密度。监测区域需考虑已建和新建，既有城市住区面积一般为 $0.02km^2$ 以上（李文静等，2019），每个监测项目建议配备 1 套降雨监测设备，新建城市住区则每 $4\sim6km^2$ 布设一个雨量监测点（郭效琛等，2018）。当监测区域内存在特殊地点地势过高时，可考虑适量增设雨量计；两个或多个监测项目监测设施距离较近时，可考虑共用 1 套降雨监测设备（郭效琛等，2018）。

以北京市城区现状雨量站网监测值作为各场次降雨目标值，选取面雨量、最大雨量值和最大雨强三个参数评价指标，进行最优雨量站密度布设模式分析。经统计北京城区雨量站共计 192 个，共设置 11 个密度梯度（$7\sim138km^2$/站），对比 11 种不同站网密度下面雨量、最大雨量、最大雨强与目标值，提出 $8km^2$/站的最优雨量站网布设模式。结合上述原则，参考《地面气象观测规范》等相关标准，综合考虑经济、便捷、便于维护等因素，确定降雨监测设备的布设点位与密度。雨量计类型及原理见表 6-1。

6.1.1.2 温度和湿度监测

1. 地面监测

海绵城市建设能够有效缓解城市热岛效应，温度是评估热岛效应的重要指标（黄初冬等，2020）。地面监测方法包括气象站、定点监测、移动样带等，因海绵城市评价需要长时间连续监测，所以选择在海绵城市监测区域设置气象站或温湿度仪，监测对比海绵城市建设前后温度变化，评估海绵城市建设在城市热岛效应方面的作用。

表6-1   雨量计类型及原理

雨量计类型	原　理
翻斗式	测量器为两个三角形翻斗，每次只有其中的一个翻斗正对受雨器的漏水口，当翻斗盛满0.1mm或0.2mm降雨时，由重心外移而倾倒，将斗中的降水倒出，同时使另一个翻斗对准漏水口，记录翻斗交替的次数和间隔时间
称重式	连续记录接雨杯上的以及存储在其内的降水的重量。记录方式可以用机械发条装置或平衡锤系统，将全部降水量的重量如数记录下来，并能够记录雪、冰雹及雨雪混合降水
虹吸式	雨水由筒口收集后流入一测量筒内，筒内的浮筒随之上升，当筒内贮满10~20mm降雨时，发生一次短时的虹吸作用，将其内的水排净，使浮子重新开始从零位记录，并记录降雨量随时间的累积过程

2. 遥感影像监测

通过遥感卫星监测数据获取监测地区的温度和湿度数据，遥感影像监测比传统站点测量的方法监测的区域面积大，能实时便捷获取数据（刘增超等，2018）。国内常用的温度、湿度数据等气候数据获取网站包括中国气象数据共享服务网（http：//data.cma.cn/），精度通常为2m，国外常用的湿度、温度等气候数据获方式包括全球陆面数据同化系统（Global Land Data Assimilation System，GLDAS）（https：//search.earthdata.nasa.gov/search）和中分辨率成像光谱仪（Moderate Resolution Imaging Spectroradiometer，MODIS）（https：//modis.ornl.gov/documentation.html），空间分辨率有1°和0.25°，时间分辨率有3h和24h等。

3. 融合地面监测与遥感反演的海绵城市热岛效应监测方案

对于大尺度区域的温度和湿度监测，通常采用遥感监测的方法，通过遥感影像解译出地表温度和湿度信息，利用部分地面监测点数据对遥感解译结果进行验证，比较二者差异，保证解译结果能够较好地反映地表温度状况，提高遥感解译数据成果的可靠性（刘增超等，2018）。可以利用多源遥感影像以及气象资料，构建高精度地表通量反演模型，生产水热通量产品，精确量化区域尺度海绵城市建设对城市热岛的缓解效益，并采用热红外遥感技术量化不同海绵措施缓解城市热岛效益。以北京城市副中心海绵城市试点小区为例，相对于无海绵设施地表温度日变化过程，绿色屋顶降低了7.9℃，透水铺装降低了4.42℃，生物滞留设施降低了4.82℃。

6.1.1.3　大气干湿沉降

大气干湿沉降监测一般采用干湿沉降自动收集器。大气沉降监测点需按照不同功能区布设，空间上要求覆盖整个研究区，均匀布点，若监测点上方区域大气污染严重，则适当增设监测点。设备安装位置应开阔，避开道路、点和面源污染源。

6.1.1.4　内涝积水监测

采用查阅影像资料和现场调研相结合的方法，对非机动车道、人行道、建筑小区内部道路等地势低洼的易积水点进行监测筛选，确定易积水点位置并安装线水位计和水质取样装置，对积水范围、积水时间、积水深度，积水水质等指标进行监测（朱玲等，2018），监测时间分辨率为 5min 和 10 min。水质监测指标包括 SS、COD、TN、TP 和 NH₃-N，其中，SS 与其他污染指标存在相关性，因此，海绵城市监测应重点关注 SS 指标（任玉芬等，2005）。

6.1.2 海绵设施监测技术与方案

海绵设施主要包括透水铺装、生物滞留设施、绿色屋顶、人工湿地、下凹式绿地、植草沟、雨水花园、调蓄池和雨水桶等。其中下凹式绿地、植草沟等以径流控制为主，应重点关注水量监测；人工湿地、雨水花园等以净化水质为主，应重点关注其水质监测；调蓄池和雨水桶以调蓄为主，应重点关注水位监测（杨松文等，2020）。

6.1.2.1 流量监测

流量的监测一般使用流量计，流量计类型及优缺点见表 6-2。对于有水量控制功能的典型海绵设施，如下凹绿地、生物滞留设施、植草沟、调蓄池和雨水桶等设施，应在雨水进入海绵设施的入水口和排水口设置流量计；对于设置了其他排水项目的海绵设施，应增加流量监测，如底部盲管等，总外排流量为排水口流量与设施底部盲管外排流量之和。海绵设施建设位置一般位于地上，流量监测设备安装条件较好，且进出水口流量普遍较小，一般情况小于 10m³/h（杨会珠等，2017）。因此，海绵设施流量监测可选择精度较高的流量测量装置，如含压力式水位计测量进出口流量。海绵设施流量监测设备安装位置示意图如图 6-1 所示。

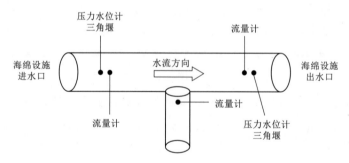

图 6-1 海绵设施流量监测设备安装位置示意图

6.1.2.2 水质监测

植草沟、绿色屋顶、人工湿地、雨水花园、调蓄池、雨水桶等海绵设施在削减径流量的同时，还对径流有一定过滤作用；人工湿地、雨水花园等海绵设施以净化水质，改善水环境为主，通过物理、化学和生物协同作用对雨水中的污染物起到吸附、沉淀和净化作用（庄红波等，2013）；调蓄池和雨水桶在储蓄雨水的过程中，雨水在其中沉淀，大部分海绵设施对其所服务汇水区域的雨水径流有削减水量和净化水质作用（张宇等，2020）。因此，对于该类海绵设施应在进水口和排水口进行水质监测。对于汇水区域在工业

表6-2 流量计类型及优缺点

流量计类型	差压式流量计	浮子流量计	容积式流量计	涡轮流量计	电磁流量计	超声波流量计
优点	①应用最多的孔板式流量计结构牢固，性能稳定可靠，使用寿命长；②应用范围广泛，至今尚无任何一类流量计可与之相比拟；③检测件与变送器、显示仪表可分别由不同厂家生产，便于规模经济生产	①玻璃管浮子流量计结构简单，使用方便；②压力损失较低	①计量精度高；②安装管道条件对计量精度没有影响；③可用于高粘度液体的测量；④范围度宽；⑤读数式仪表无须外部能源可直接获得累计，总量，清晰明了，操作简便	①高精度，在所有流量计中，属于最精确的流量计；②重复性好；③无零点漂移、抗干扰能力好；④范围度宽；⑤结构紧凑	①测量通道是光滑直管，不会阻塞；②不会产生流量检测所造成的压力损失；③所测得的体积流量实际上不受流体密度、黏度、温度、压力和电导率变化的明显影响；④口径范围宽，应用范围大；⑤可应用腐蚀性流体	①超声波流量计是一种非接触式测量仪表，可用来测量流量和大管径不会改变流体的流动状态，不会产生压力损失。且便于安装；②可以测量电介质的体积和非导电介质的液体；③测量范围大，管径范围为20mm～5m；④可以测量各种液体和污水流量；⑤超声波流量计测量温度、积垢及密度等热物性参数的影响，可以做成固定式和便携式两种形式
缺点	①测量精度普遍偏低；②范围度窄，一般仅为3:1~4:1；③现场安装条件要求高；④压损大（指孔板、喷嘴等）	耐压低，有玻璃管易碎的较大风险	①结构复杂，体积庞大，口径、介质工作状态局限性较大；③不适用于高、低温场合；④大部分仪表只适用洁净单相流体；⑤产生噪声及振动	①不能长期保持校准特性；②流体物性对流量测量有较大影响	①电磁流量计与调试比其他流量计复杂，且要求更严格；②电磁流量计用来测量带有污垢的黏性液体时，带有污垢或沉淀物附着在测量管内壁或电极上，电极上污物达到一定厚度，可能导致仪表无法测量；③管道结垢或磨损改变内径尺寸，将影响原定的流量值，造成测量误差	①超声波流量计的温度测量范围不高，一般只能测温度低于200℃的流体；②抗干扰能力差，易受气泡、结垢、泵及其他声源混入的超声波杂音干扰，影响测量精度；③直管段要求严格，为前20D，后5D，否则离散性差，测量精度低；④安装要求未带来较大误差会给流量测量带来不确定性；⑤会给流量测量等级不高（一般为1.5~2.5级），重复性差；⑥使用寿命短（一般精度只能保证一年）；⑦价格较高
适用条件	封闭管道的流量测量	适用于小管径和低流速	适用于有监测空间且产生流量较小情景	石油、液化气、天然气和低温液流体等	导电介质的液体	异相含量不高的双相流体，例如未处理污水，工厂排放液

区附近或存在其他污染源的海绵设施，水质监测指标除 SS、COD、TN、NH_3-N、TP 等常规指标外，需根据具体情况，增加重金属、浊度等其他污染物指标。通过水质监测数据，可计算海绵设施场次降雨径流污染削减率和污染负荷（吴艳霞等，2019）。

6.1.2.3 水位监测

水位监测多使用水位计，水位计设备的精度与选用的设备的量程相关，一般来说，设备量程越大，设备的精度越低（杨一夫，2017），水位计类型及其优缺点见表 6-3。对于有调蓄功能的典型海绵设施，如雨水桶、调蓄池等设施，进行实时水位监测，了解调蓄池和雨水桶的水量蓄存情况，计算海绵设施储存雨水量，评估其蓄存效能（李佳等，2020）。另外，在长历时降雨或暴雨前需提前了解调蓄池等海绵设施中水量储存情况，提前排空，释放调蓄容量，缓解降雨时管网排水压力。

表 6-3　　　　　　　　　　　水位计类型及其优缺点

水位计类型	压力水位计	超声波水位计	雷达水位计	浮筒水位计	磁致伸缩水位计	磁阻水位计
优点	无盲区；不受容器架构影响；不受电磁波、气泡和悬浮物干扰；功耗低、安装方便	与介质无直接接触，耐腐蚀性强；精度较高，安装方便	与介质无直接接触；耐腐蚀性强；量程大，精度较高；安装简便	无盲区；不受容器结构影响；不受电磁波、气泡和悬浮物干扰；精度高；功耗低	有很高的计量精度，不受容器结构影响；不受电磁波干扰；功耗低	有较高的计量精度，不受容器结构影响；不受电磁波干扰；功耗低
缺点	与介质接触，需要考虑防腐；精度和最大量程相关，时间长精度降低和零点漂移问题；北方冬季存在冻害；需要将线缆浸没于水	有测量盲区；受容器几何结构特性影响较大；不适用于有气泡、旋流或悬浮物的介质；容易受电磁波干扰；功耗较高	有测量盲区；不适用于有气泡、旋流或悬浮物的介质；波束角内导体会产生干扰，也易受外界电磁波干扰；功耗较高	与介质接触，需要考虑防腐和传感器污染问题；要求在接近静止条件下使用；北方冬季需要避免冻害；安装要求较高	与介质接触，需考虑防腐和传感器浮球污染问题；北方冬季需要避免冻害	与介质接触，需考虑防腐和传感器浮球污染问题；北方冬季需要避免冻害
适用条件	适用于各种条件下水位监测，但小量程条件下精度不高，需要固定探头	适用于水位变化较为平稳、水位不会满管或溢流、悬浮物和气泡少、不产生旋流、井室尺寸较大的监测	适用于水位变化较为平稳、水位不会满管或溢流、悬浮物和气泡少、不产生旋流、井室尺寸较大的监测	适用于堰上水位，路面积水等较小范围的水位测量	适用于堰流测量，但需要对浮球位置进行校准	适用于堰流测量，但需要对浮球位置进行校准
设备量程	1m、5m、10m、20m、40m	5m、10m、20m、40m				
设备精度	≤±3%	0.25%～5%				
分辨率	1mm	1mm				

6.1.2.4 透水性监测

透水铺装等主要以渗透性能为主的海绵设施和具有土壤或基质渗透层的海绵设施需进行渗透性监测，渗透性监测的测点数量及测点位置通常根据单个海绵设施的面积大小确定，不同面积对应的测点数参考《海绵城市建设效果监测与评估规范》（DB11/T 1673—2019）。透水铺装主要通过增加下垫面透水性，促进雨水下渗以达到削减径流的目的，因此，透水铺装设施透水材料除透水铺装面层材料外还包括找平层、基层等材料，其渗透性采用综合渗透性能，通过原位入渗实验测定，综合渗透系数采用各测点平均值。下凹绿地、绿色屋顶、植草沟等具有土壤或基质渗透层的海绵设施，需对土壤和基质的渗透性进行监测，采用环刀法或常水头渗透实验确定土壤和基质的渗透系数。

6.1.3 场地尺度海绵城市监测技术与方案

对于海绵小区、道路、广场、公园、停车场等海绵城市的建设效果，按照场地尺度进行效果监测。开展监测时，需校核场地内绿地的形状、有效调蓄容积等指标，此外，通过实地测量，计算场地的雨水调蓄模数、绿地下凹率、透水铺装率等指标。具备排水监测条件的建筑小区、道路、停车场及广场、公园与防护绿地，应同步监测其排水口降雨径流的流量和水质过程，分析计算年径流总量控制率、年径流污染物（SS）总量削减率、雨水收集利用率等指标。监测时段应不少于一年，且有径流的降雨场次不少于4场。

6.1.4 排水分区尺度海绵城市监测技术与方案

排水分区内包括绿地、道路、居住用地、工业用地、公共设施等多种用地类型，监测点的布设要同时考虑排水分区内用地类型、海绵设施种类和组合方式、排水分区管网类型三个方面，按照便利性、全面性和对比性原则综合确定（杨松文等，2020），选择具有代表性的管网关键节点。排水分区内外排径流总量监测点应选择在排水分区排水管网下游市政排水管渠交汇节点或排放口。有上游径流雨水汇入的子排水分区应同时监测上游入流点（贺文彦等，2018）。监测项目以流量、水位和水质为主。

6.1.4.1 合流制排水分区

合流制排水分区宜在所有合流制排放口或污水截流井、合流污水溢流泵站等长期保留的设施处布设监测点。合流制管道内环境复杂，管网内泥沙、垃圾含量较多，且部分地区夹杂酸碱性工业废水，因此监测设备应选择外壳耐冲击、耐酸碱侵蚀的流量传感器和水位计，进行流量和水位监测。

水质采样采用自动取样设备，采样深度为旱天管网内水流深度的 120%～200%，或在水面以下 50～150mm（王泽阳等，2018）。由于降雨期间管道内的水深受降雨量和降雨强度影响一直变化，因此建议采用可随管道水面的变化而上下移动的采样装置。明渠采样点可设在堰槽前方水流均匀混合处，并尽量设在堰（槽）取水口头部的水流中央，采水口朝向与水流的方向一致，以减少采水部前端的堵塞（李俊奇等，2021），水质采样方案一般采取前密后疏的方式，水质监测指标包括 PH、COD、SS、BOD$_5$、TN、TP 等，考虑污染源等其他因素，可增加重金属、大肠杆菌等污染指标。通过监测可得到合流制排放口的溢流次数、溢流流量和溢流水质，可评估监测排水分区海绵城市建设对雨水径流控制和合流制溢流污染的改善效果，通过对管网排水接口监测数据进行分析，判断海绵城市建设的水量水质达标情况。

6.1.4.2 分流制排水分区

分流制排水分区可在雨水排放口进行流量和水位监测，根据排水分区内污染情况选用流量和水位监测设备，水质采样采用自动取样设备，设备安装和取样方案参照合流制管网，水质监测指标包括 SS、TP、TN、NH$_3$-N、COD 等。当排水分区附近存在工业等其他污染源时，可增加重金属等其他污染指标。通过对雨水排放口的流量和水质联合监测，可明确雨水径流控制量与主要污染控制量之间的关系，监督排水分区内偷排漏排问题。通过监测可得到分流制排放口的溢流次数、溢流流量和溢流水质，可评估监测排水分区海绵城市建设对雨水径流减控效果和雨水径流污染过程及其削减效果。

通过对排水分区合流制和分流制排放口的监测，可量化不同排水分区对河道水环境的影响、污水管道污染负荷和雨水管道污染对合流制排放口污染负荷的贡献率，基于此提出排水分区尺度基于水量和水质的综合调度和优化调度方案。

6.1.5 城市尺度海绵城市监测技术与方案

6.1.5.1 海绵城市建成区精细化下垫面解译

精细化城市下垫面解译是城市尺度的海绵城市监测的基础，一般可利用遥感技术，对海绵城市建成区的下垫面进行"监测"，监测数据来源为高分二号卫星高分系列影像存档数据，包括全色片和多光谱数据，全色波段数据精度为1m，多光谱数据包括 4 个波段遥感数据，精度为4m，将全色片和多光谱进行融合处理，输出一张既带有高分辨率的地物信息，又带有波段信息的影像，分析图像的形状、纹理和光谱等特征，通过自动解译和人工翻译，根据《土地利用现状分类》（GB/T 21010—2017）对下垫面进行分类，并结合《海绵城市建设评价标准》（GB/T 51345—2018）将下垫面类型进一步细化，分为普通房屋、建设用地、内部道路、市政道路、铁路、硬化路面、建设用地、停车场、屋顶绿化、公共下凹绿地、公共绿地、公园下凹绿地、小区下凹绿地、小区绿地、道路两侧植被、广场、水池、坑塘、湖泊、河道、耕地、裸土等 22 种。统计解译后的精细化下垫面类型和面积，利用遥感数据对下垫面信息进行提取和统计，通过利用遥感数据可有效提高对海绵城市的监测效率。海绵城市建成区精细化下垫面解译技术路线图如图 6-2 所示。

6.1.5.2 城市流域的河道监测

为了评价流域尺度海绵城市建设的效果需要对河道的流量和水质进行监测，河道监

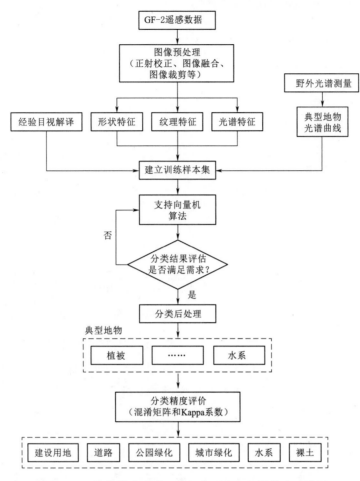

图6-2 海绵城市建成区精细化下垫面解译技术路线图

测项目主要包括流量、水位和水质监测。监测点应布设在海绵城市建设区域河道上游、下游和支流汇入处（图6-3），且布设间距为200~600m，每个水体监测点不少于3个（Shaun等，2006），总体上能够反映河道不同河段的水环境变化，评估支流流量及水质汇入情况，把控河道出口处水质和流量情况，量化海绵建设区域排水口污染物负荷对河道的影响。

河道水位监测，河道沿途布设水位计，掌握河道水位变化；流量监测，在河道支流汇入处和海绵城市建设区域排口处设置流量计，监测支流流量汇入情况；水质监测，监测指标主要包括SS和DO，SS和DO监测采用在线监测仪，SS在线监测仪布置在海绵城市建设区域所在河道上下游，DO在线监测仪布置在河道中下游，监测点能够反应河道的黑臭情况。当海绵城市建设区域存在工业区等其他污染源时，可采取人工采样和自动采样相结合的方式对河道水体进行取样，监测其污染情况。河道监测点布设示意图如图6-3所示。

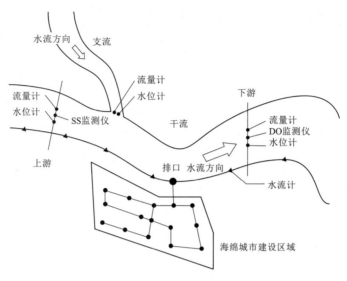

图 6-3 河道监测点布设示意图

6.1.5.3 基于水文地质分区的地下水监测

地下水监测包括水位和水质监测。在每个水文地质分区内布设1个地下水监测固定探井，进行水位在线连续监测，评估水位变化趋势；对地下水进行采样，监测地下水水质变化，地下水水质差的区域应尽量减少或避免建设透水铺装、雨水花园等通过增强入渗补充地下水的海绵设施。

6.1.6 海绵城市监测面临的难题

海绵城市监测除了涉及复杂的多尺度、多指标等内容外，一般认为城市排水管网由于存在有压流和无压流切换以及流向转换的问题，使得管网排水过程监测向来是海绵城市监测的技术难题。此外，受城市剧烈人为活动影响监测环境一般比较复杂，极易造成监测布点覆盖不全、设备损坏、数据中断等突发状况。由于城市情况复杂带来的监测成本高等难题一直以来也是困扰海绵城市监测的障碍。

1. 长序列监测和精细化监测数据获取困难

海绵城市建设效果评价需要长期有效的过程数据进行支撑，一般要求监测数据时间长度在一个雨季或一年以上，但海绵城市建设区域一般设计多尺度、多目标的评价需求，监测点位无法覆盖整个海绵城市建设区域，造成部分海绵城市运行监测数据缺失。无监测地区是海绵城市监测和评价的主要短板，特别是精细化的下垫面用地类型、海绵设施、排口等数据缺乏，为海绵城市建设效果评价带来困难。监测数据的实时性较差，仅有部分监测区域采用在线监测的方式，大部分区域监测结果无法及时传输，无法动态持续考核监测结果，此外，监测数据的质量存在较大不确定性，受设备本身的稳定性和复杂环境等因素的影响。

2. 海绵城市精细化监测的成本居高不下

根据监测环境、监测精度、监测量程等监测条件的不同，监测设备的价格存在较大差异，一些流量小的海绵设施，需要选用高精度的仪器。如果监测液体有腐蚀性，则需要选择耐腐蚀的设备。设备要求越高，价格越高，监测点位越多，设备数量越大。另外，对于有水质监测要求的项目，水质样品数量和检测指标多，由于降雨的不确定性，在监测过程中会出现预算经费不足以支撑监测的需求。此外，设备的后期维护需要投入大量的人力和物力，造成监测工作受到高成本的制约现象明显。

3. 监测设备运行维护难度大

监测设备运行的难题主要受设备供电和维护检修等两方面因素影响。海绵监测设备多采用低压直流供电，在现场监测过程中，只有少数监测地点具备接入市政用电的条件，但需要转换器将220V电压转换为低压电。大部分监测点不具备用电供应条件，目前采用较多的方案是采用蓄电池或蓄电池＋太阳能光电板的形式解决设备供电。当监测设备只采用蓄电池供电时，需要每2个月左右充电一次，当监测点位数量多时，设备维护工作量大。采用蓄电池＋太阳能板时，因太阳能属可再生能源，故在设备服务期内可永久提供监测设备用电，但这种方法虽然解决了监测过程中电池充电的问题，但由于各地区气候存在差异，存在电源不稳定的情况，且太阳能板有时会影响市政美观且易遭损毁。

海绵监测设备安装位置大多在检查井、管网和排口内，安装环境复杂，传感器探头易受垃圾和监测水体影响，从而影响监测数据有效性和准确性。另外，监测环境越恶劣，设备维护频率越高，因为设备周围垃圾累积过多，一方面影响设备的正常使用，另一方面传感器可能被损坏，所以应增加监测设备的维护频率，增加设备维护的便利性，如增加井内爬梯，开辟通往监测排口的通道等。

6.2 北京海绵城市监测实践

根据《海绵城市建设评价标准》（GB/T 51345—2018）和《海绵城市建设效果监测与评估规范》（DB11/T 1673—2019），结合《城市排水工程规划规范》（GB 50318—2019）、《室外排水设计规范》（GB 50014—2016）等标准，在北京城市副中心国家海绵城市建设试点示范工程开展了海绵城市监测技术实践应用。

6.2.1 海绵设施监测方案

6.2.1.1 生物滞留设施监测方案

选取北京城市副中心海绵城市示范区某小区内生物滞留设施作为典型实验监测点，该生物滞留设施面积约25m²，生物滞留设施的结构自上而下依次为20cm蓄水层、50cm

种植土层、10cm 中砂层和 30cm 砾石排/蓄水层，生物滞留设施底部为夯实原土。在生物滞留设施的地表设置溢流口，溢流口高度约 15cm，当生物滞留设施的地表积水水位超过溢流口高度时，超标雨水径流将通过溢流口排入小区内部管网。

该生物滞留设施的入流为雨落管引入的屋面雨水径流，屋顶面积约 120m²，出流为通过溢流口进入管道的地表溢流。根据生物滞留设施所涉及的主要水文过程，确定了监测要素及监测方法，监测要素包括水位、流量、土壤水分和水质，监测方法采用在线监测。监测系统概化图如图 6-4 所示。

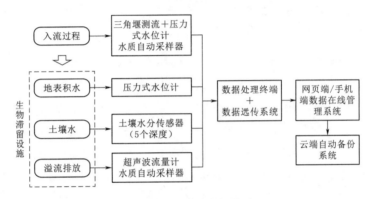

图 6-4　监测系统概化图

（1）入流水量监测。对雨落管进行改造，将入流的屋面雨水径流引入三角堰箱，在消能处理后，利用压力式水位计结合三角堰测流公式，计算得到屋面雨水径流入流过程。

（2）溢流水量监测。溢流口的外排径流通过排水管由检查井接入小区内部管道，在检查井内部的排水管出口处，布设一个超声波流量计，用以监测溢流量过程。

（3）蓄水深度监测。当生物滞留设施的表层入渗能力小于降雨强度时，地表形成积水，因此在生物滞留设施最低点布设了一个压力式水位计，用以监测地表蓄水深度的变化。

（4）土壤含水率监测。生物滞留设施的表层为深度 50cm 的种植土层，为了监测入渗水量对土壤含水率的影响，布设了 5 个不同深度的土壤水分传感器（分别距地表 10cm、20cm、30cm、40cm、50cm）。在土壤水分传感器布设前，通过原状土进行了标定。

（5）径流水质采样。为了获得生物滞留设施的入流和出流水质变化过程，分别在入流三角堰箱和溢流口处均布设了水质自动采样装置，流量计、水位计和土壤水分传感器的监测频率为 5min/次。

6.2.1.2　透水铺装监测方案

透水铺装结构自上而下包括透水面层、透水找平层、透水垫层和基层。一般面层采用透水混凝土、透水面砖、草坪砖铺装等形式。铺装地面高于周围绿地 5~10cm，并坡

122

向绿地。局部不能采用透水铺装的地面，应按不小于 0.5% 的坡度坡向周围的下凹式绿地或透水地面。为保护车道的路基，在透水性垫层内增加排水管，将雨水排入道路两侧的入渗设施内下渗。根据透水铺装的结构和性能，确定了其监测要素主要以透水性监测为主，此外，径流量监测主要是通过在透水铺装旁边布置监测井对其地表直接产流和透过透水铺装后的产流进行监测，可在监测井内部的排水管出口处，布设一个超声波流量计用以监测溢流量过程，或者监测井中安装水位计，通过水位计的水位变化情况推求透水铺装的径流量。

透水铺装地面透水性能监测方法建议采用单环入渗法。单环直径 51cm（内径），高 200mm，环内壁固定钢板尺，测量精度为 1mm。采用定量定时向环内注水的方法，测定注水期透水速率，并记录停水瞬间的积水深度，按照特定时间测量并读取积水深度，从而确定积水入渗过程的透水速率。单环法实验现场图如图 6-5 所示。

图 6-5 单环法实验现场图

6.2.1.3 绿色屋顶监测方案

选取普通屋顶、绿色屋顶、坡面屋顶（坡度为 5%）和屋顶滞蓄等多种情景进行对比监测。绿色屋顶的具体规格包括：①种植层，植物选择佛甲草，其具有抗旱节水、隔热降温、易于管理等优点，被广泛应用于屋顶绿化工程中；②基质层，基质采用草炭土、蛭石和砂土混合而成的填料，配比为 4:2:1，其具有重量轻、透水性好、持水性好、性能稳定、养护方便等特点；种植层厚 6cm，底层垫过滤布（厚度 1~2cm），防止介质流失；③排水层，厚 5cm，用轻质塑料制成，均匀布置碗状结构以承载径流，并有排水出口；④防穿刺层，在排水层下铺上 0.5mmPE 土工膜防止植物穿透屋顶；⑤防水层，在原有屋顶基础上利用改性沥青聚乙烯防水。每个屋顶对应一个排水管（管径 110mm），排水管出口下方设置水位三角堰测流槽对径流量进行监测。屋顶平面布置和测流槽示意图如图 6-6 所示。

6.2.2 海绵小区监测方案

选择北京城市副中心海绵城市示范区的 8 个小区进行水质水量联合监测，包括 7 个海绵改造小区和 1 个新建小区。小区综合楼监测分布如图 6-7 所示。

海绵小区监测项目包括管网监测、设施监测和地下水监测。排水管网监测点主要布

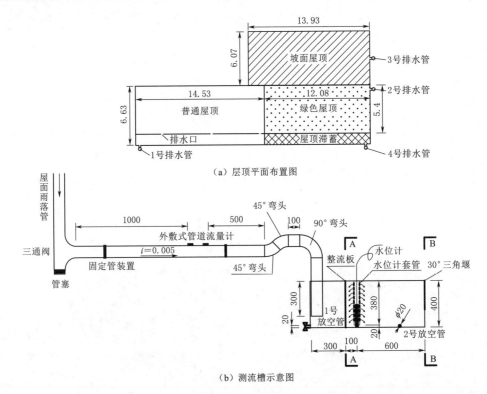

（a）层顶平面布置图

（b）测流槽示意图

图 6-6 屋顶平面布置和测流槽示意图（单位：m）

图 6-7 小区综合监测分布

设在小区排水出口处，原则上要求对每个排水出口均进行监测，监测内容主要包括在线流量和 SS 监测，监测设备安装在管道内检查井下游 1m 处，距管道底部 5mm。设施监测要素包括入流过程、海绵设施的蓄水水位、土壤含水率、蒸散发量、出流过程等。雨水调蓄池安装在线液位计和流量计，对调蓄池雨水回用情况进行监测。地下水监测重点监测浅层地下水变化，本书在北京城市副中心海绵城市试点区布设了 5 眼深度均为 30m 的监测井，并对监测井进行水位和水质监测，用于海绵城市建设的地下水回补效果监测评价。

6.2.3 排水分区与片区监测方案

在研究区开展排水分区与片区尺度监测，监测项目包括示范区海绵城市建设前的背景监测、下垫面调查、排口和管网监测、河道监测和地下水监测。海绵城市建设前的背景监测主要包括降水、蒸发、土壤水和地下水等；下垫面调查包括下垫面的入渗特征和面源污染负荷分布特征；河道监测包括北运河和运潮减河的入流和出流过程；排口和管网监测主要在关键节点进行水量水质联合监测，定量径流外排及污染物输出过程。

6.2.3.1 降水及气象要素监测

降水和气象要素通过雨量站和气象站监测。雨量站的布设原则包括：①避开强风区，减小风对降雨观测的影响；②选择较为平坦的布点场地，尽量避开遮挡物；③设置场地保护范围，经常清理，保持场地平坦整洁；④保证雨量计定点的牢固，避免雨量计因外力而倒塌，影响降雨监测。由于不同区域对应的同一场雨，其降雨量、降雨历时、降雨峰值等不尽相同，因此在试点区建了 4 个市级雨量站和 1 个小型综合气象站。以便获取区域的降雨、蒸发、辐射、温度等综合气象要素。其中，降水数据满足 5min 的时间分辨率。

6.2.3.2 排水管网及排口监测

选择 4 个排水分区排水口进行监测，其中 3 个排水分区为合流制管网排水，1 个排水分区为分流制管网排水，在排口处和管网关键节点处进行水质水量联合监测。使用流量计、水位计进行截留前径流和截留流量在线监测，并采用人工采样与自动采样相结合的方式对水质进行监测，定量径流外排及污染物输出量。

6.2.3.3 河道水质水量监测

在北运河的拦河闸和运潮减河的分洪闸已有 2 个水位/流量监测站。在已有站点的基础上，新布设 4 个河道水位监测站，获取整个试点区周边的水位边界条件。河道水位监测选用雷达水位计，水质监测采用人工采样的方式，获取河道的水质变化过程数据。此外，在 3 个排水分区末端，安装河道水位监测设施。河道监测点位分布如图 6-8 所示。

6.2.3.4 地下水监测

选择海绵设施较为集中的区域开展地下水监测，获取地下水水位和水质变化过程数据，定量海绵城市建设对地下水的影响。地下水监测井深度约为 30m，通过水位计在线监测水位数据，采用人工采样的方式进行水质监测，且雨季采样间隔小于 5d，水质检测指标包括 27 项无机污染物指标和 16 项有机污染物指标。地下水位监测点如图 6-9 所示。

图 6-8　河道监测点位分布

图 6-9　地下水位监测点

6.3　海绵城市建设效果评价技术

　　北京作为我国最早开展城市雨洪资源利用研究与应用的城市，其城市雨水利用的发展大体经历了科学研究、试验示范与全面推广三个阶段。到目前为止，北京市已建立了较为完善的城市雨水控制与利用技术体系。海绵城市赋予了城市雨洪资源利用更加广泛的目标和内涵，需要制定系统、科学的海绵城市建设效果评价技术体系。因此，本书从评价数据的获取难易程度出发，分别建立了有监测资料区域和缺乏监测资料区域的海绵城市建设效果评价方法。对于有监测资料区域，以海绵小区尺度进行海绵城市建设效果

126

评价应用；对于缺乏监测资料区域，选择东城区、石景山区、大兴区等区域进行了海绵城市建设效果评价应用。研究结果可为海绵城市建设绩效评价提供依据。

6.3.1 有监测资料区域海绵城市建设效果评价体系构建

6.3.1.1 评价原则

海绵城市评价指标体系的构建，需要综合考虑评价目的、评价内容等因素，遵循独立性、整体性、适宜性等原则，确保指标体系系统、科学、易操作。

1. 独立性原则

选取的各评价指标内涵边界清晰，指标值的计算方法明确，同一层次的评价指标之间尽可能独立，指标之间的关联性尽可能小，确保各指标能独立表示海绵城市径流管控与面源污染削减各方面的主成分效果。

2. 整体性原则

指标体系的整体性是指各指标因子之间能有机、有序结合，能够真实、客观、完整反映海绵城市建设总体效果，综合考虑不同目标、不同尺度、综合水量和水质等方面，避免评价的片面性。

3. 适宜性原则

指标因子内涵简单易懂，指标数值容易获取，一般可通过实地调研、现场监测或试验获得，保证评价方法的可操作性，尽量使评价过程简易、便捷、高效。特别是指标体系中应包括一些能够准确反应评价区域下垫面、地形、城市发展阶段等特点的指标。

6.3.1.2 指标体系构建

一般基于层次分析法把海绵城市建设效果评价归纳为一个系统的层次体系，该体系由目标层、准则层和指标层三层构成，系统地评价其海绵城市建设效果（马瑾瑾等，2019）。

（1）目标层是海绵城市建设效果一级评价指标，用于综合描述不同尺度海绵城市建设总体效果的量化数值。

（2）准则层是海绵城市建设效果评价二级评价指标，分别从水资源、水生态、水环境、水安全、水管理等方面量化海绵城市建设效果。

（3）指标层是海绵城市建设效果评价三级评价指标，是准则层以下具体的指标因子，一般各指标因子从功能效率、成本付出、运营维护、综合影响等方面量化海绵城市建设效果。

6.3.1.3 指标因子筛选

评价指标的选择是综合效果评价的基础，评价指标的获得和筛选方法一般包括频度统计法、德尔菲（Delphi）法等。频度统计法的运用是基于现有的文献资料等，通过关键词汇的统计，对使用次数较高的指标进行筛选。Delphi法是基于专家的知识和经验对待选指标进行评价打分，筛选评价指标。

不同尺度的海绵城市评价指标主要通过查阅资料、问卷调查和专家意见筛选确定。首先通过查阅相关文献和技术指南，针对海绵城市建设效果初步提出指标因子，然后进行专家打分，并结合专家的意见对指标进行调整遴选。在此基础上，为了使指标体系的整体性与可操作性更强，进一步筛选、概化内涵丰富又相对独立的指标，确定适宜的海绵城市建设效果评价指标体系。

1. 海绵设施评价指标

典型海绵设施评价指标应考虑径流削减和污染物减控2个方面，其指标体系一般包括径流总量削减率、峰值削减率、洪峰滞时、污染物总量削减率、污染物浓度削减率等因子（黄静岩等，2017；李俊生等，2019）。

2. 海绵小区评价指标

海绵小区尺度效果评价应考虑资源利用、内涝防控、环境改善和工程影响等4个方面，其指标包括年雨水综合利用率、年雨水收集回用率、雨水调蓄模数、硬化地面透水率、绿地下凹率、绿化率、污染物总量削减率、单位面积工程投资、运营维护制度和居民满意度等因子（强小飞等，2020；王贵南等，2020）

3. 排水分区尺度海绵城市评价指标

排水分区尺度效果评价应考虑水资源、水生态、水安全、水环境和水管理5个方面，指标包括雨水资源利用率、水环境质量达标率、绿地下凹率、透水铺装率、常规雨水排放能力、易涝点控制率、年径流总量控制率、水面率、生态岸坡恢复率、公众满意度、运营维护等因子。

4. 海绵城市地下水效应评价指标

海绵城市地下水效应评价应考虑不同雨水调控技术、雨水径流、处理成本和景观效果对地下水的影响，指标包括补充地下水能力、地下水位变化趋势和地下水水质等因子（何婷婷等，2020）。

5. 城市尺度海绵城市评价指标

城市尺度海绵城市建设效果评价是指对市辖区的建成区海绵城市建设效果的总体评价，包括海绵城市建设达标面积比例和辖区综合海绵指数，指标包括易涝点控制率、水环境质量达标率、污废水直排控制率、长效保障机制健全度、防汛应急管理能力等因子。

6.3.1.4 权重确定

指标权重的确定方法包括主观法和非主观法。主观法通常根据经验确定指标权重，如Delphi法、层次分析法等。非主观法通常不考虑人为因素，用数学方法确定指标权重，一般指标权重确定后还需要根据实际进行调整，如主成分分析法、综合指数法等。

6.3.1.5 评价模型构建

利用模糊综合评价法构建海绵城市建设效果评价模型，建模步骤包括：建立评价指标集、建立评价标准集、建立模糊矩阵、确定权重集、确定合成算子和评价结果向量。

6.3.2　缺乏监测资料区域海绵城市建设效果评价体系构建

　　缺乏监测资料区域由于缺乏监测数据和基础资料，评价难度较大，因此对于缺乏监测资料区域的海绵城市建设评价从源头（下垫面）出发，分析影响径流量和径流污染物（SS）的因素，选择能够代表评价区域下垫面的特征参数，构建下垫面特征参数与年径流总量控制率、径流污染物（SS）削减率之间的关系，进而量化海绵城市建设引起的下垫面变化及其效果。

　　根据精细化下垫面解译成果、海绵城市建设现状、模型中下垫面概化及各类下垫面产流特性，选择能够反映下垫面特性和调蓄容积特性的特征参数，特征参数一般包括透水铺装比例（X_1）、下凹绿地比例（X_2）、绿地比例（X_3）、不透水比例（X_4）和调蓄容积控制比例（X_5）。通过控制变量法，分析特征参数与年径流总量控制率和污染物（SS）总量削减率之间的关系，进一步筛选代表性强的特征参数，构建模拟方案。运用模型对方案进行模拟，分析模拟结果，计算各方案的年径流总量控制率和污染物（SS）总量削减率。运用统计分析软件，利用多元非线性回归模型拟合得到下垫面特征参数与年径流总量控制率和污染物（SS）总量削减率之间的关系式，选取有监测资料区域的排水分区对拟合关系式进行验证。

6.3.2.1　透水铺装比例

　　透水铺装比例是指排水分区内透水铺装面积占排水分区总面积的比例，即

$$X_1 = \frac{S_1}{S} \tag{6-1}$$

式中　X_1——排水分区透水铺装比例；

　　　S_1——排水分区透水铺装面积，m^2；

　　　S——排水分区总面积，m^2。

6.3.2.2　下凹绿地比例

　　下凹绿地比例是指排水分区内下凹绿地面积占排水分区总面积的比例，即

$$X_2 = \frac{S_2}{S} \tag{6-2}$$

式中　X_2——排水分区下凹绿地比例；

　　　S_2——排水分区下凹绿地面积，m^2。

6.3.2.3　绿地比例

　　绿地比例是指排水分区内普通绿地面积占排水分区总面积的比例，即

$$X_3 = \frac{S_3}{S} \tag{6-3}$$

式中　X_3——排水分区普通绿地比例；

　　　S_3——排水分区普通绿地面积，m^2。

6.3.2.4 不透水比例

不透水比例是指排水分区内不透水表面面积占排水分区总面积的比例，即

$$X_4 = \frac{S_4}{S} \tag{6-4}$$

式中　X_4——排水分区不透水比例；

　　　S_4——排水分区不透水表面面积，m^2。

6.3.2.5 调蓄容积控制比例

调蓄容积控制比例是指排水分区内调蓄设施所控制的总调蓄容积与总不透水表面面积的比值，《雨水控制与利用工程设计规范》（DB 11 685—2013）中规定每 $1000m^2$ 硬化面积配建调蓄容积不小于 $30m^3$，即

$$X_5 = \frac{1000 \times \dfrac{V}{30}}{S_4} = \frac{100V}{3S_4} \tag{6-5}$$

式中　X_5——排水分区调蓄容积控制比例；

　　　V——排水分区总调蓄容积。

根据缺乏监测资料区域精细化下垫面解译结果，统计不同下垫面类型的面积，通过现场调研等手段，收集评价区域典型海绵设施建设情况。在精细化下垫面解译和典型海绵设施调研基础上，统计评价区域内各排水分区特征参数值，运用关系式求出各排水分区年径流总量控制率和污染物（SS）总量削减率。根据 GB/T 51345—2018 和相关地方标准对径流总量控制率和污染物（SS）总量削减率的要求，进行海绵城市建设效果评价。缺乏监测资料区域海绵城市建设效果评估方案如图 6-10 所示。

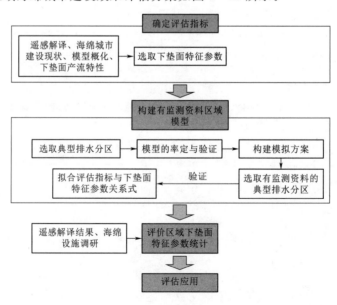

图 6-10　缺乏监测资料区域海绵城市建设效果评估方案

6.4　现行海绵城市建设效果评估方法

6.4.1　国家标准

GB/T 51345—2018 规定海绵城市建设的评价应以城市建成区为评价对象，对建成区范围内的源头减排项目、排水分区及建成区整体的海绵效应进行评价。评价结果应以排水分区为单元进行统计达到国家标准要求的城市建成区占城市建成区总面积的比例。评价内容包括年径流总量控制率及径流体积控制、源头减排项目实施有效性、路面积水控制与内涝防治、城市水体环境质量、自然生态格局管控、地下水埋深变化趋势和城市热岛效应缓解 7 个方面。其中对年径流总量控制率及污染物（SS）总量削减率的评估有以下规定：

6.4.1.1　排水分区年径流总量控制率

采用模型模拟法进行评价，模拟计算各排水分区的年径流总量控制率，模型应具有下垫面产流、管道汇流、源头减排设施等模拟功能。模型建模应具有源头减排设施参数，管网拓扑与管网缺陷、下垫面和地形，以及至少近 10 年步长为 1min～1h 的连续降雨监测数据。至少选取一个典型排水分区，在其市政管网末端排放口及上游关键节点处设置流量计，并同步监测排水分区内项目，获取市政管网排放口至少 1 年的"时间—流量"或泵站前池的"时间—水位"序列监测数据，筛选至少 2 场接近雨水管渠设计重现期标准的降雨场次监测数据，分别进行模型参数率定和验证，且纳什效率系数（Nash-Sutcliffe efficiency coefficient，NSE）不得小于 0.5。

6.4.1.2　排水分区污染物（SS）总量削减率评价

采用设计施工资料查阅与现场检查相结合的方法进行评价，查看设施的设计构造、径流控制体积、排空时间、运行工况、植物配置等能否保证设施 SS 去除能力达到设计要求。设施设计排空时间不得超过植物的耐淹时间。对于除砂、去油污等专用设施，其水质处理能力等应达到设计要求。新建项目的不透水下垫面宜有径流污染控制设施，改扩建项目有径流污染控制设施的下垫面不透水率不宜小于 60％。

6.4.2　北京市地方标准

DB11/T 1673—2019 对典型源头减排设施、场地、片区、市辖区等不同尺度区域的海绵城市监测和建设效果评估进行了规定。其中对只包含一个地块或一个建筑小区的片区，按照片区尺度进行效果监测和评估，评估场地具备排水监测条件时，依据监测数据采用年径流总量控制率、年径流污染物（SS）总量削减率和雨水收集利用率进行效果评估。当被评估场地不具备排水监测条件时，采用雨水调蓄模数、绿地下凹率、透水铺装率、设施使用效率等指标进行效果评估。

北京市地方标准对海绵城市建设效果的评价，主要依据现场监测、实地调研和模型模拟结果进行评价，结合北京市地方标准中的计算公式，量化片区的年径流总量控制率、雨水 SS 达标排放率、雨水管网畅通率、内涝控制能力和雨水资源化利用率，依据标准对指标赋值，并计算片区尺度的海绵指数，根据片区海绵指数等级划分标准表分为不达标、达标和优秀三个等级。

6.4.3　综合评估方法

目前国内外运用较为广泛的海绵城市建设效果评估的方法有以下 6 种：Delphi 法、模糊综合评价法、层次分析法、主成分分析法、综合评分法和功效系数法。

主成分分析法和综合评分法主要是基于对数据的分析来确定其指标权重，受人为主观因素影响小，在赋值和评价权重确定上较为客观。并且这两种评价方法计算较为简单，可操作性强，适用于起步阶段的海绵城市建设效果评价。功效系数法评价较为客观，相对于主成分分析法和综合评分法，其评价较为综合，但操作难度大。模糊综合评价法、Delphi 法和层次分析法 3 种评价方法受人为主观因素影响大，但系统性较强。目前海绵城市建设效果评估方法的选取主要基于研究内容和评估方法的适宜性，针对不同的研究内容选择合适的评估方法。海绵城市建设效果评估方法见表 6 - 4。

表 6 - 4　　　　　　　　　　　海绵城市建设效果评估方法

方法名称	Delphi 法	模糊综合评价法	综合评分法	功效系数法	层次分析法	主成分分析法
主要内容	通过匿名的方式，咨询相关行业专家，征求专家意见，经过几轮征询，直到大部分专家的意见趋于一致，以达到预测目的	根据模糊数学的隶属度理论把定性评价转化为定量评价，即用模糊数学对受到多种因素制约的事物或对象做出一个总体评价	通过建立若干层次的指标体系，采用聚类分析、判别分析和主观权重确定的方法，最后给出评判结果	对每一指标确定一个满意的上限值和不允许的下限值，计算各指标的满意程度并赋予分数，再经过加权平均进行综合，从而评价被研究对象的综合状况	基于定性和定量的分析准则，建立目标、准则、方案的层次结构，构造两两判断矩阵，最终确定各指标权重	将多个变量通过线性变换以选出较少个数重要变量的一种多元统计分析方法
特点	主观性强，但操作简单	能解决模糊的、难以量化的问题	方法直观且计算简单	满意值和不容许值的确定难度大，不易操作	逻辑清晰，简单实用，系统性较强	简化数据分析结构
适用对象	难以量化的复杂系统评价	模糊、非确定性且难以量化的对象	各种评价对象	复杂综合系统	各种评价对象	样本的分类、排序较好的对象

6.4.4　现状海绵城市评价面临的难题

（1）国家标准评估方法主要借助模型进行评价，但模型构建需要的管网、地形等基础资料获取难度大，且具有降雨径流监测的区域数量少，监测数据不足以支撑模型的构建和率定。并且国家标准对于不同尺度的海绵城市建设体系没有提出明确的评价方法，因此，不同尺度海绵城市建设效果评价方法仍待完善。

（2）各地方海绵城市建设效果评价体系亟待完善。全国海绵试点城市总体可分为平原城市、河网城市和山地城市三类。其中：平原城市地势平坦，城市水系分布较少，调蓄能力不足，同时缺乏良好的场地竖向条件，海绵城市建设效果评估时应重点考虑城市防洪排涝问题；河网城市水系密布，降水量大，地块与河网联系紧密，地下水位及河道水位较高，海绵城市建设效果评估时应重点考虑径流总量控制和城市水体因径流导致的面源污染问题；山地城市坡度较大，地势高低起伏，自然生态环境脆弱，易发山洪灾害，海绵城市建设效果评估时应重点考虑水土保持和山洪调蓄控制问题。针对不同类型的城市，各地应在国标基础上发布符合地方实际的评价标准。

（3）缺少极端降雨条件下海绵城市建设效果的客观评价方法。受气候变化和城市剧烈社会经济活动的双重影响，城市极端降雨径流事件呈现多发、频发、突发等特征，由于极端降雨过程预报难度大，一般容易造成较大城市经济损失和社会影响。海绵城市对于极端降雨影响缓解作用主要包括：削减产流峰值、延迟峰现时间、增加调蓄能力等方面，当前对海绵城市应对极端降雨的影响效果分析缺少定量手段和规律认识。

6.5 北京市海绵城市建设效果评价实践

6.5.1 有监测资料区域海绵城市建设效果评价

在海绵小区尺度对有监测资料区域进行海绵城市建设效果评价，以双紫园小区为研究对象，小区总面积23590m²，主要建筑物屋顶3370m²，配套建筑物屋顶2587m²，道路与停车场10380 m²，绿地7253m²。小区内建设有较完善的监测系统。

6.5.1.1 评价指标体系

对小区尺度的海绵城市建设效果评价，综合专家意见并按照指标数据的可获得性原则最终确定指标体系包括资源利用、内涝防控、环境改善和综合影响四个方面，评价指标包括年雨水综合利用率、年雨水收集回用率、雨水调蓄模数、硬化地面透水比率、绿地下凹率、绿化率、年SS总量削减率、单位面积工程投资、运营维护制度和居民满意度10项。小区尺度海绵效果评价指标体系层次图如图6-11所示。

6.5.1.2 评价指标因子计算方法

1. 年雨水综合利用率

年雨水综合利用率是指研究区内某一监测年内，海绵工程措施综合利用的水量与降雨量的比值。此项指标反映了研究区内海绵工程措施对雨水的控制能力。综合利用水量包括雨水池收集的雨水、绿地下渗、透水铺装下渗和渗水沟等收集利用设施的总水量。

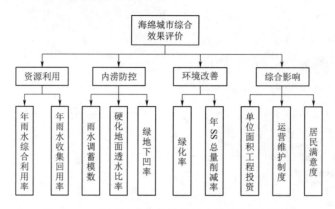

图 6-11　小区尺度海绵效果评价指标体系层次图

由于海绵设施的入渗过程监测难度，根据水量平衡原理入渗量可通过总降雨量与总外排量的差值计算，最终得到海绵设施的综合利用量。其计算公式为

$$C_1 = \frac{W_{综合}}{W_{降}} \times 100\% = \frac{W_{降} - W_{排}}{W_{降}} \times 100\% \qquad (6-6)$$

式中　C_1——年雨水综合利用率，%；

　　$W_{降}$——降雨量，mm；

　　$W_{排}$——排水量，m^3。

2. 年雨水收集回用率

年雨水收集回用率是指研究区内某一监测年中收集使用的雨水总量与全年总降雨量比值。此项指标反映了研究区中雨水的使用情况。回用是指洗车、冲厕、灌溉等非入渗地下的雨水利用，洗车、灌溉和冲厕的雨水量可通过水表监测水量。其计算公式为

$$C_2 = \frac{W_{收集}}{W_{降}} \times 100\% \qquad (6-7)$$

式中　$W_{降}$——全年总降雨量，m^3；

　　$W_{收集}$——雨水收集量，m^3。

3. 雨水调蓄模数

雨水调蓄模数是指研究区内具有调蓄雨水功能设施的调蓄空间与小区占地面积的比值。雨水调蓄空间包括雨水调节池、景观水体的调蓄空间、蓄水桶等蓄水设施，不包括低于周边地坪 50 mm 的下凹式绿地。其计算公式为

$$C_3 = \frac{V_{蓄水}}{S_{场地}} \times 100\% \qquad (6-8)$$

式中　C_3——雨水调蓄模数，%；

　　$V_{蓄水}$——蓄水设施蓄水量，m^3；

　　$S_{场地}$——场地总面积，m^2。

4. 绿地下凹率

绿地下凹率即为下凹式绿地面积占研究区内总绿地面积的比率。下凹绿地能够接收不透水地块的汇流，下凹的深度可视为调蓄空间，能够有效滞留雨水。其计算公式为

$$C_4 = \frac{S_{\text{下凹}}}{S_{\text{总绿地}}} \times 100\%\tag{6-9}$$

式中 C_4——绿地下凹率，%；

$S_{\text{下凹}}$——下凹式绿地面积，m^2；

$S_{\text{总绿地}}$——总绿地面积，m^2。

5. 硬化地面透水比率

硬化地面透水比率为场地内非市政道路范围全部透水铺装面积与全部硬化地面面积的比值。其计算公式为

$$C_5 = \frac{S_{\text{透水}}}{S_{\text{硬化}}} \times 100\%\tag{6-10}$$

式中 C_5——硬化地面透水比率，%；

$S_{\text{透水}}$——透水路面面积，m^2；

$S_{\text{硬化}}$——硬化面积，m^2。

6. 绿化率

绿化率为研究区中绿化面积与小区总面积的比值，计算公式为

$$C_6 = \frac{S_{\text{绿化}}}{S_{\text{总}}} \times 100\%\tag{6-11}$$

式中 C_6——绿化率，%；

$S_{\text{绿化}}$——绿化面积，m^2；

$S_{\text{总}}$——小区总占地面积，m^2。

7. 年 SS 总量削减率

年 SS 总量削减率为研究区内控制的污染物总量（SS）占全年雨水径流污染物总量的比例。由于存在监测困难，计算公式为

$$C_7 = \text{年径流总量控制率} \times \text{低影响开发措施对 SS 平均削减率}\tag{6-12}$$

式中 C_7——年 SS 总量削减率。

8. 单位面积工程投资

单位面积工程投资为绿色屋顶、下凹绿地、透水铺装、蓄水池等具有渗透、滞蓄功能设施的材料投资和改造成本总和。计算公式为

$$C_8 = \frac{Y_{\text{绿色屋顶}} + Y_{\text{下凹绿地}} + Y_{\text{透水铺装}} + Y_{\text{蓄水池}}}{S_{\text{总面积}}}\tag{6-13}$$

式中 C_8——单位面积工程投资，万元；

$Y_{\text{绿色屋顶}}$、$Y_{\text{下凹绿地}}$、$Y_{\text{透水铺装}}$、$Y_{\text{蓄水池}}$——各项措施的材料及改造费用，万元。

9. 运营维护制度

运营维护对象包括绿色设施和灰色设施两大类，其中绿色设施运营维护包括透水铺装、绿色屋顶、下凹式绿地、生物滞留设施、雨水湿地和植草沟等；灰色设施的运营维护包括传统雨水管道及附属构筑物的溢水口、雨水口、雨水蓄水池、雨水调蓄池等。运营维护按照是否有运行记录和记录时间（雨季数量）进行考察。

10. 居民满意度调查

对业主进行海绵措施应用满意度调查，根据海绵小区情况，确定调查问卷总人数。其计算公式为

$$C_9 = \frac{X_{满意}}{X_{总}} \times 100\% \tag{6-14}$$

式中　C_9——居民满意度，%；

　　$X_{满意}$——满意人数；

　　$X_{总}$——调查的总人数。

6.5.1.3　指标权重计算

采用专家打分法确定指标权重。向专家发放调查问卷，对准则层和指标层进行打分，根据调查问卷结果确定准则层和指标层的标度值，计算准则层和指标层的权重系数，得到指标层相对于准则层和指标层相对于目标层的权重。根据统计分析结果，小区尺度海绵城市建设效果评价中，内涝防控占比最大，比重为 0.474，评价指标中，雨水调蓄模数对海绵城市建设效果的影响最大，其次为年雨水综合利用率、绿地下凹率和硬化地面透水比率。海绵小区尺度海绵城市评价体系权重见表 6-5。

表 6-5　　　　　　　　海绵小区尺度海绵城市评价体系权重表

目标层 A	准则层 B	指 标 层 C			
	具体指标	具 体 指 标	C 相对于于 B 层权重	C 层相对于 A 层权重	排序 次序
小区尺度海绵 效果评价	B1 资源利用（0.270）	C1 年雨水综合利用率	0.805	0.217	2
		C2 雨水收集回用率	0.195	0.053	8
	B2 内涝防控（0.474）	C3 雨水调蓄模数	0.558	0.264	1
		C4 绿地下凹率	0.247	0.117	3
		C5 硬化地面透水比率	0.195	0.093	4
	B3 环境改善（0.147）	C6 绿化率	0.465	0.068	6
		C7 年 SS 削减率	0.535	0.079	5
	B4 综合影响（0.109）	C8 单位面积工程投资	0.529	0.058	7
		C9 运营维护制度	0.251	0.027	9
		C10 居民满意度	0.220	0.024	10

6.5.1.4　海绵效果评价

对海绵小区的各项评价指标进行评价，得到准则层和海绵小区整体综合评价矩阵，

运用加权平均法计算资源利用效果、内涝防控效果、环境改善效果、综合影响效果和海绵小区整体综合评价的海绵指数。资源利用效果、内涝防控效果、环境改善效果和综合影响效果的海绵指数值分别为 1.239、1.394、1.521 和 1.541，海绵小区整体综合评价的海绵指数值为 0.319。由于北京市地方标准中规定对于只包含一个海绵小区的片区，按照片区尺度进行评估，因此根据片区尺度海绵指数等级划分标准对双紫园小区进行星级评定，片区尺度海绵度等级划分标准见表 6-6。最终星级评定结果显示准则层评价指标：资源利用效果、内涝防控效果、环境改善效果和综合影响效果均为二星级，海绵小区整体综合评价为一星级。

表 6-6　　　　　　　　　　　　片区尺度海绵度等级划分标准

评定星级	海绵度 S	评定星级	海绵度 S
一星级	0~1	四星级	3~4
二星级	1~2	五星级	4~5
三星级	2~3		

6.5.2　缺乏监测资料区域海绵城市建设效果评价

选取北京市东城区、石景山区和大兴区 3 个建成区，对各建成区年径流总量控制率和污染物（SS）总量削减率进行评价，并根据相关要求，统计各区建成区达标面积和达标比例。

6.5.2.1　评价指标确定

选取透水铺装比例 X_1、下凹绿地比例 X_2、绿地比例 X_3、不透水面积比例 X_4 和调蓄容积控制比例 X_5 5 个特征参数，根据东城区、石景山区和大兴区下垫面精细化解译结果，统计评价区域参数值。

东城区属于典型城市核心区和老城区，不透水比例高。东城区建成区总面积为 41.9km²，通过遥感反演和实地调研东城区建成区共有海绵类设施项目 135 处，其中透水铺装 4.37hm²，下凹绿地 6.79hm²，屋顶绿化 18.77hm²，调蓄容积 16.91 万 m³。本书将东城区划分为 86 个排水分区。

石景山区建成区总面积为 50.5km²，通过遥感反演和实地调研石景山区建成区共有海绵类设施项目 80 处，其中透水铺装 32.21hm²，下凹绿地 102.84hm²，屋顶绿化 2.33hm²，调蓄容积 16.51 万 m³。本书将石景山区划分为 68 个排水分区。

大兴区建成区总面积为 123.76km²，通过遥感反演和实地调研大兴区建成区共有海绵类设施项目 49 处，其中透水铺装 21.28hm²，下凹绿地 36.13hm²，屋顶绿化 0.42hm²，调蓄容积 6.96 万 m³。本书将大兴建成区划分为 147 个排水分区。

6.5.2.2　排水分区尺度径流与污染减控效果分析

排水分区尺度径流与污染减控效果的分析基于监测和模型模拟的方法实现。监测选择典型排水分区的排水口对其降雨、径流污染过程进行监测，在东城区选择 2 个排水分区，降雨监测 18 场，径流污染监测 16 场。

图 6-12 东城区排水分区和
海绵设施项目建设地理位置图

通过构建耦合地面产流和汇流的综合模型，模拟分析不同排水分区、不同下垫面特征、不同降雨过程的径流与污染排放过程。构建的东城区海绵城市综合模拟模型覆盖面积为 41.9 km²，概化节点 14545 个，管线 14558 条，管线总长度为 481.6km，其中雨水管线 210.2km、雨污合流 134.8km、污水管线 136.6km。东城区排水分区和海绵设施项目建设地理位置如图 6-12 所示。以 2019 年 7 月 17 日、2019 年 7 月 18 日和 2019 年 8 月 7 日的场次降雨和径流数据对模型进行参数率定，以 2020 年 8 月 9 日和 2020 年 8 月 12 日场次降雨数据对模型进行验证。以 2019 年 7 月 18 日场次水质浓度数据对模型进行径流污染物（SS）计算的参数率定，以 2019 年 8 月 7 日场次水质浓度数据对模型进行验证。纳什效率系数（NSE）和 R2 均达到 0.7 以上。典型排水分区径流与污染排放过程模拟结果见表 6-7。

在模型中选取 4 个典型排水分区，添加 LID 设施（透水铺装、下凹绿地和雨水桶）并改变模型参数，创建不同比例特征参数的组合方案，输入 2008—2017 年 10 年步长为 5min 的降雨序列进行模拟。分析各指标与年径流总量控制率和污染物总量削减率之间的关系，分别构建回归关系式如下：

表 6-7　　　　　　　典型排水分区径流与污染排放过程模拟结果

参　数	降雨场次	NES	R2	参　数	降雨场次	NES	R2
水动力模型率定	2019-07-17	0.859	0.758	水质模型率定	2019-07-17	0.85	0.80
水动力模型验证	2019-07-18	0.768	0.821	水质模型验证	2019-07-18	0.78	0.75
	2019-08-07	0.712	0.815		2019-08-07	0.90	0.91

年径流总量控制率为

$$\varphi = 0.681x_1 + 13.647x_2 + 14.448x_3 + 13.492x_4 + 12.768x_5$$
$$- 0.746x_1x_2 - 1.032x_1x_3 - 0.676x_1x_4 + 0.227x_4x_5 - 12.586 \qquad (6-15)$$

污染物（SS）总量削减率为

$$\theta = 0.704x_1 + \ln(0.1 - 0.005x_2) + \ln(0.015x_3 + 0.1) - 1.802x_4^3 - 4.421x_4^2$$
$$+ 7.011x_4 - 4.333x_5^3 + 3.788x_5^2 + 0.27x_5 - 2.105x_1x_2 - 1.35x_1x_3$$
$$+ 0.185x_1x_5 - 1.914x_2x_4 - 1.337x_3x_5 - 11.734x_4x_5 + 4.905 \qquad (6-16)$$

在模型中选取 2 个排水分区，构建模拟方案，利用式（6-15）计算不同方案的年径流总量控制率，比较关系式计算结果与模型模拟结果，验证关系式的准确性。经验证，年径流总量控制率误差最大值为 2.4%，平均值为 0.6%，误差较小关系式可用于后续分析。

6.5.2.3 海绵城市效果评价结果

运用构建的年径流总量控制率关系式（6-15）和污染物（SS）总量削减率关系式（6-16），计算各排水分区的年径流总量控制率和污染物（SS）总量削减率，统计各区达标面积和达标比例。参考海绵城市专项规划中行政区年径流总量控制率的控制标准，对东城区、石景山区和大兴区建成区海绵城市效果进行评价。各行政区年径流总量控制率控制标准表见表 6-8。

表 6-8　　　　　　　　　　　各行政区年径流总量控制率控制标准表

行　政　区	控制标准/%	行　政　区	控制标准/%
东城区	60	大兴区	70
石景山区	70		

东城区年径流总量控制率达到 60% 的排水分区共 18 个，达标面积为 661.90hm^2，达标比例为 15.81%。污染物（SS）总量削减率达到 40% 的排水分区共 10 个，达标面积为 310.33hm^2，达标比例为 7.41%。

石景山区年径流总量控制率达到 70% 的排水分区共 20 个，达标面积为 1176.61hm^2，达标比例为 23.30%。污染物（SS）总量削减率达到 40% 的排水分区共 8 个，达标面积为 417.93hm^2，达标比例为 8.28%。

大兴区年径流总量控制率达到 70% 的排水分区共 21 个，达标面积为 1771.94hm^2，达标比例为 14.17%。污染物（SS）总量削减率达到 40% 的排水分区共 10 个，达标面积为 760.59hm^2，达标比例为 6.08%。

6.6　本章小结

（1）构建监测体系、获取监测数据和保证数据的有效性和实时性是海绵城市建设效果评价的基础。海绵城市建设前的背景监测、海绵设施监测、场地尺度监测、排水分区尺度监测、城市尺度监测等监测方案制定的科学性和合理性直接决定了海绵城市建设效果评价结果的准确性和可靠性。基于相关监测与评价技术规程规范，根据不同尺度系统化监测布点、监测技术和方案要求，科学制定经济、适宜的海绵城市监测方案，是海绵城市效果评价的重要基础。

（2）北京市海绵城市试点区按照不同尺度制定了有针对性的监测方案，并对北京市建成区无监测区域进行了精细化下垫面提取，进一步补充了基础数据，满足了海绵城市效果评估的数据需求。但目前海绵城市监测仍然存在监测数据稳定性差以及数据质量不高，海绵城市精细化监测成本较高不宜大面积推广，监测设备维护难度大、运维成本高等难题。未来亟须通过综合运用物联网、智能感知等新技术手段，实现海绵城市监测能力的系统提升。

（3）从有监测资料和缺乏监测资料区域两方面建立了海绵城市建设效果评价体系，并在北京市进行了评价实践，分别对海绵小区和东城区、石景山区、大兴区进行了评价。但目前仍然缺少极端降雨条件下海绵城市建设效果的客观评价方法和缺乏监测资料区域的海绵城市建设效果评价方法，且评价过程中面临基础资料不易获取的难题，海绵城市建设效果评价方法还有待继续完善。

第7章

合流制排水分区海绵城市多层级调控效果定量评估

在当前海绵城市建设过程中，多层级调控已经成为一个热点话题，多层级调控指通过源头海绵设施改造、过程调控、末端滞蓄等措施分层控制海绵城市建设区的降雨径流和污染物，从而实现海绵城市的建设目标，这对海绵城市建设方案设计具有重要意义。模型模拟是定量评价海绵城市多层级建设效果的有效手段，水力模型已经逐步取代了传统的水力计算分析手段，广泛应用于排水系统服务性能的总体评价（刘小梅等，2017）。目前对海绵城市建设效果的评价主要集中在小区尺度的源头低影响开发（LID）设施（庞璇等，2019；刘海娇等，2016；王文亮等，2012），缺少对排水分区尺度的全面评估，也缺少对海绵城市不同层级建设效果的单独量化。尤其在合流制区域，由于多数小区是已建成的老旧小区，可进行的源头海绵设施改造空间有限，现有模型对过程和末端措施考虑不足。需要综合考虑各类海绵设施，如对截污管线建设和合流制溢流调蓄池建设等措施进行合理概化，从而准确评估海绵城市建设效果。

本书以北京城市副中心海绵城市试点区内的一个已建合流制排水分区为研究对象，基于 InfoWorks ICM 模型软件，以研究区域内实际海绵城市改造方案为基础，同时考虑研究区域下游再生水厂的实际处理能力，构建了海绵城市建设区域的精细化模型。采用研究区域内某雨量站 2008—2018 年的实测降雨资料，按照多层级调控的思路设置 6 个情景模拟方案，评估了海绵城市多层级调控效果。

7.1 排水分区概况

北京市海绵城市试点区位于北京通州城市副中心的两河片区，西南起北运河，北至运潮减河，东至春宜路，属温带大陆性半湿润季风气候区，多年平均降水量 535.9mm，6—8 月汛期内集中了全年 75% 以上的降水。试点区总规划面积 19.36km²，其中已建区 5.11km²，行政办公区 7.86km²，其他新建区 6.39km²。本书选择海绵城市试点区西北角的一个已建合流制排水分区。

研究区占地面积 1.54km²，地面高程为 14~28m ［图 7－1(a)］，排水分区内现状下

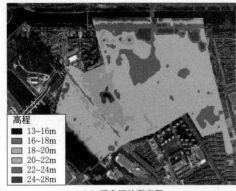
（a）研究区地面高程

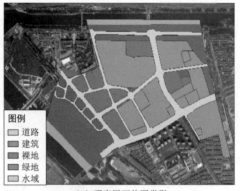
（b）研究区下垫面类型

（c）研究区排水管网概况

图 7-1　研究区域基本地理信息

墙面主要包括建筑用地、道路、绿地、裸地、水域等［图 7-1(b)］。研究区内共有管道 77 段，总长度为 3.70km，主要为雨污合流的现状管网，最大断面规格为 3200mm×2000mm，最小断面规格为 300mm×300mm。研究区南侧排口为通胡大街排口，排口为 3200mm×2000mm 的方涵，出流方式为淹没出流［图 7-1(c)］。此外，研究区在 2016—2017 年黑臭水体治理工程中将现有通胡大街合流制排口做了截流处理，于北运河东侧修建截污干管，研究区旱季污水通过该截污管进入河东再生水厂。河东再生水厂位于通州新城河东地区，目前再生水厂总处理能力在 4.0 万～4.4 万 m³/d，在河东地区的污水处理能力在 1.5 万～1.7 万 m³/d。研究区域基本地理信息如图 7-1 所示。

对于整个排水分区尺度而言，源头控制工程为建筑小区、公园学校等海绵改造项目共 12 项，主要技术措施有雨水花园、下凹式绿地、透水铺装、生物滞留池、植草沟、雨水桶等；过程调控工程主要为合流制管网截污管线工程；末端工程为排口末端的合流制溢流控制调蓄池。研究区海绵城市建设概况如图 7-2 所示。

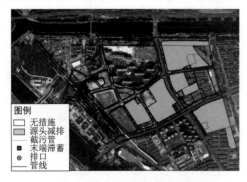

图 7-2　研究区的海绵城市建设概况

7. 2 模型构建

7. 2. 1 模型简介

本书以 InfoWorks ICM 城市综合流域排水模型为工具,构建研究区内的精细化模型。InfoWorks ICM 软件在产流计算、汇流计算以及管网计算中提供多种计算方法,同时还耦合了污水计算模块、水质模块、河道模块等,可以仿真模拟城市水文循环过程,进行管网局限性分析和方案优化,准确、快速地进行网络模拟。近年来,该模型也在我国得到广泛应用,主要涉及城市雨洪分析与预测(王滢等,2018;言铭等,2019)、排水系统暴雨径流控制(李建勇等,2014;汉京超等;2014;魏忠庆等,2017)、低影响开发措施模拟(王辉等,2016)等方面。本书建模主要涉及的模块包括水文模块、管道水力模块、污水量计算模块、实时控制模块和可持续性排水系统应用规划设计模块。

7. 2. 2 模型概化

依据前期收集的数据资料(表7-1),构建研究区的精细化城市排水管网模型,主要包括产流单元划分、降雨产流模型构建、管网汇流模型构建、海绵设施构建等环节。建模所需数据资料见表7-1。

表 7-1　　　　　　　　　　　　　　**建模所需数据资料**

分类名称	采集时间	数据内容	数据精度
基础地理信息	2011	基础地形数据	栅格数据,1:2000
	2011	DEM 数据	栅格数据,5m
	2013	航空影像数据	栅格数据,0.5m
排水设施信息	2018	排水管网	矢量数据,3.70km
	2018	检查井	矢量数据,79 个
	2018	排水口	矢量数据,1 个
水文气象数据/排口实测数据	2018	降雨过程	2008—2018 年,时间分辨率 5m
	2018	排口流量过程	2018 年通胡大街排口,时间分辨率 5m

1. 产流单元划分

对于小区与绿地地块,根据现状影像数据确定地块边界,划分子产流单元;对于道路,以检查井为节点,绘制泰森多边形法,划分子集水区作为坡面产汇流计算的基本单元,共计构建 123 个产流单元。

2. 降雨产流模型构建

在研究区内,区分绿地、道路、小区和水域四种用地类型,对应绿地、市政道路、屋面、小区道路、广场和水域 6 种不同的径流表面(其中小区对应屋面、小区道路、广场和绿地四种不同的径流表面)。各类径流表面面积按照实际勘测面积输入。选用固定径流系数法和 Horton 入渗公式计算子集水区产流，选用线型水库法进行坡面汇流过程验算。

3. 管网汇流模型构建

对排水管网资料进行梳理，确定上下游管网拓扑关系，构建上下游管段，管段与检查井之间的拓扑网络；检查排水口高程与河道断面高程的关系，分析排水口高程与设计洪水位关系；最终根据管道材料，设置糙率系数，构建管网汇流模型。在管网模型中，主要涉及的海绵设施为合流制区域的截污管线工程。

4. 海绵设施构建

在研究区内涉及的源头海绵工程措施包括下沉式绿地、雨水花园、植草沟、透水铺装、生物滞留池、生态停车场、渗渠、蓄水池等。采用 InfoWorks ICM 中的低影响开发措施模块，对上述各类海绵设施进行概化，雨水花园、植草沟、下沉式绿地、透水铺装、渗渠和蓄水池按照模块中对应内容设置。结合实际工程方案，对研究区内下沉式绿地设置蓄水深度 100mm、150mm、250mm，雨水花园设置蓄水深度 200mm、300mm，植草沟设置调蓄深度 100mm、200mm。生物滞留池设置为下凹深度 300mm 的下沉式绿地。生态停车场按照透水铺装进行概化。对研究区内所进行的各项海绵城市建设工程进行梳理，整理出各个工程建设海绵设施的具体面积和相关参数，按详细的施工资料设置产流单元参数。

海绵城市建设的过程措施主要是通胡大街截污管线工程。在排水分区出口处设置 0.5m 高的截流堰，用于截流生活污水，截流后的污水通过管径为 500～1100mm 的截污管进入河东再生水厂进行处理。根据对河东再生水厂的调查，河东再生水厂对海绵城市试点区内日常污水运行量为 15000～17000m³/d，按照研究区人口总数等比例折算，研究区日常污水运行量为 4605.7m³/d。因此，按照 3 倍截污倍数设置再生水厂的最大污水处理能力，超出再生水厂处理能力的水量，通过再生水厂的溢流口溢流排出。

末端海绵工程措施为通胡大街排口处设置末端蓄水池，用于收集合流制排口的溢流排放径流水量，末端调蓄池容积设置为 5120m³，设置蓄水池调蓄后排空时间为 24h。因此，该排水分区具有两个径流外排途径，即通胡大街排口直接外排和河东再生水厂间接外排，当前对年径流总量控制率的计算主要考虑排口处的直接溢流外排流量，对再生水厂关注不足，可能对海绵城市建设效果评估产生一定影响，故在模型构建时将再生水厂的间接出流纳入计算范围。

7.2.3　参数率定与模型验证

对海绵城市示范区的监测内容包括截污前干管和截污管内的流量、水深数据，依据《城镇雨水系统规划设计暴雨径流计算标准》（DB11/T 969—2016），考虑最不利因素和相关文献确定最初模型参考参数，选取实测数据良好的 2018 年 8 月 8 日凌晨 4 时至 20 时降水干管流量对模型进行参数率定，调整研究区内的初始径流损失、固定径流系数、Horton 初渗率、Horton 稳渗率、Horton 衰减率等参数（表 7-2），使模拟径流过程尽可能与实际径流过程吻合。研究区产流参数见表 7-2。经调整后模拟径流和实测径流过程如图 7-3（a）所示，两者纳什系数达到 0.884。按照参数率定结果，选取 7 月 17 日的降雨数据对模型进行验证，结果显示纳什系数 0.833，峰现时间、洪峰流量基本一致如图 7-3（b）所示，故认为模型可以较好地模拟研究区的雨水径流过程。研究区参数率定和模型验证结果如图 7-3 所示。

表 7-2 研究区产流参数

产流表面	径流量类型	初损损失值 /m	固定径流系数	Horton 初渗率 /(mm/h)	Horton 稳渗率 /(mm/h)	Horton 衰减率 /(mm/h)
绿地	Horton	0.008	—	115	12.7	2.8
市政道路	Fixed	0.003	0.900	—	—	—
屋面	Fixed	0.003	0.900	—	—	—
小区道路	Fixed	0.005	0.800	—	—	—
广场	Fixed	0.003	0.900	—	—	—
水域	Fixed	0.000	0.000	—	—	—

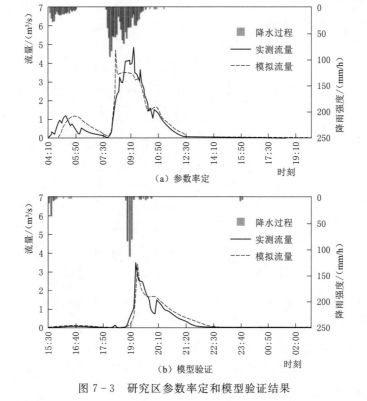

图 7-3 研究区参数率定和模型验证结果

7.2.4 模拟情景设置

研究区海绵城市建设主要分为源头控制、过程调控和末端调蓄三类措施，参考相关规范、标准，以海绵城市建设前作为对照组，基于实际建设的生物滞留设施、下凹式绿地、透水铺装、雨水桶等海绵措施设置源头措施情景，结合通胡大街合流制截污管线工程设置过程措施情景，根据通胡大街排口调蓄池设置末端措施情景。为定量评估海绵城市的多层级建设效果，需全面考虑源头、过程和末端海绵措施的影响，最终设置海绵城市建设前、仅源头调控、仅过程调控、仅末端调控、源头—过程联合调控以及源头—过程—末端联合调控共 6 个情景模拟方案。

7.3 模型分析

7.3.1 年径流总量控制率分析

年径流总量控制率是海绵城市建设和考核的关键指标，依据 2018 年所发布的《海绵城市建设评价标准》（GB/T 51345—2018），定义年径流总量控制率为通过自然与人工强化的渗透、滞蓄、净化等方式所控制（不外排）的年均降雨量与年均降雨总量的比值。同时按照 GB/T 51345—2018 中所建议的模型模拟方法对研究区内不同海绵城市及建设方案的年径流总量控制率进行详细分析。

将研究区 2008—2018 年降水资料和研究区内生活污水径流过程作为精细化模拟输入条件，分别模拟分析 6 个不同情境条件下，研究区的排口直接溢流外排和再生水厂间接溢流外排过程，并计算年径流总量控制率，2008—2018 年多年平均年径流总量控制率如图 7 - 4 所示。

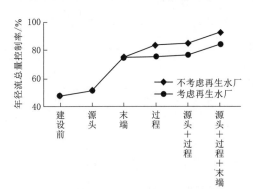

图 7 - 4 2008—2018 年多年平均
年径流总量控制率

在考虑再生水厂排口间接出流影响时，海绵城市建设前，多年平均年径流总量控制率约为 47.9%；源头工程建设后，年径流总量控制率达到 51.4%，较建设前提升 3.5%；通胡大街截污管线工程建设后，年径流总量控制率达到 75.7%，较建设前提升 27.8%；通胡大街末端溢流调蓄池建设后，年径流总量控制率达到 75.2%，较建设前提升 27.3%。由此可见在研究区内，已建成区域的源头海绵改造对年径流总量控制率提升效果有限，过程和末端调控措施对已建成区域径流控制效果提升更为显著，其主要原因可能是研究区内源头海绵设施改造条件有限，源头海绵措施的实际面积仅占研究区总面积的 5%。

在对单层级海绵工程建设效果评估的基础上，对源头—过程联合调控方案以及源头—过程—末端联合调控方案进行分析，其中源头—过程联合调控，年径流总量控制率达到 77%，相较单源头调控提升 25.6%；源头—过程—末端联合调控年径流总量控制率达到 84.5%，在源头—过程联合调控基础上再提升 7.5%。

若不考虑再生水厂间接出流影响，则过程工程方案、源头—过程联合方案以及源头—工程—末端联合方案的年径流总量控制率分别达到 84.2%、85.2% 和 93.6%，相较于考虑再生水厂间接出流，计算所得的年径流总量控制率分别高出 11.2% 和 9.6%。因此，不考虑再生水厂间接出流会导致计算所得年径流总量控制率偏高，难以准确评估海绵城市实际建设效果。对于实施截污工程的合流制排水分区，需在计算年径流总量控制率时充分考虑再生水厂的实际处理能力与溢流排放量。

7.3.2 合流制溢流分析

在研究区所在的合流制区域，实施截污管过程调控工程后，虽然可以有效的控制排口处径流总量，但是仍然存在年均 13 次的合流制溢流事件，年均溢流流量为 9.9 万 m³。源头—过程—末端联合调控方案对合流制溢流的控制效果较为突出，年均溢流次数由 13 次减少到 5 次，减少了 61.5%，且 2008 年、2009 年和 2015 年甚至不发生合流制溢流事件 [图 7-5 (a)]；年均溢流总量从 9.9 万 m³ 减少至 4.7 万 m³，减少了 52.9% [图 7-5 (b)]。合流制排口处溢流次数和溢流总量对比图如图 7-5 所示。

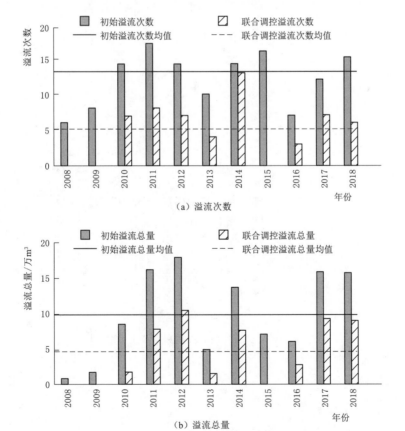

图 7-5　合流制排口处溢流次数和溢流总量对比图

研究区下游建有再生水厂，按照再生水厂日均污水处理量 3 倍的截污倍数进行再生水厂处理能力概化，超出处理能力的水量溢流排入河道，再生水厂溢流次数［图 7-6（a）］和溢流总量［图 7-6（b）］的分析结果表明，在再生水厂处，源头—过程—末端联合调控后，年均溢流次数从 16 次减少到 15 次，约减少 4.1％；溢流总量从 5.3 万 m^3 减少至 5.1 万 m^3，约减少 4.4％。对比排口处和再生水厂处的合流制溢流情况可以看出，源头—过程—末端联合调控对合流制溢流的良好控制效果主要针对排口处的直接溢流过程，而对下游再生水厂的间接溢流过程控制效果十分有限。再生水厂处溢流次数和溢流总量对比图如图 7-6 所示。

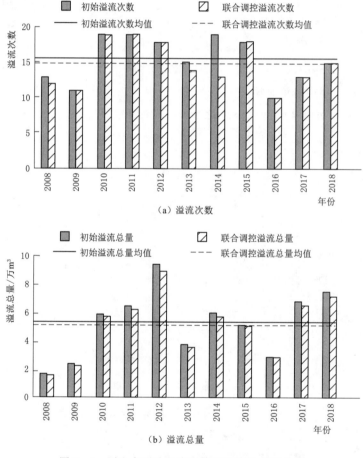

图 7-6　再生水厂处溢流次数和溢流总量对比图

7.4　本章小结

（1）在建筑小区尺度，较海绵城市建设前，源头调控、过程调控和末端调控方案的年径流总量控制率分别由 47.9％分别提升至 51.4％、75.7％和 75.2％，源头—过程联合调控和源头—过程—末端联合调控方案分别达到 77.0％和 84.5％，已建成区域的源头海绵改造对年径流总量控制率提升效果有限，过程和末端调控措施对已建成区域径流控制效果提升更为显著。

（2）在合流制排水分区计算年径流总量控制率时，应考虑区域间接出流情况，否则易导致计算所得年径流总量控制率偏高，难以准确评估海绵城市建设效果。

（3）对于合流制排水分区，实施截污管过程调控工程后，虽然能够有效降低外排径流，但仍存在年均 13 次的合流制溢流事件，源头—过程—末端联合调控能够有效控制合流制溢流污染，年均溢流频次和溢流总量分别降低 61.5％和 52.9％。

（4）受再生水厂处理能力的制约，多层级调控技术方案对排水分区下游再生水厂溢流事件的影响十分有限，年均溢流频次和溢流总量仅降低 4.1％和 4.4％，有必要在排水分区尺度多层级海绵城市建设的基础上，综合考虑再生水厂提标改造、雨水湿地构建、河道水系连通等综合性手段，实现区域尺度的海绵城市建设目标。

第 8 章

多尺度海绵城市降雨径流
模型构建与应用

针对多数研究关注单项或多项组合 LID 措施对整个流域径流的影响。而汇水分区和区域是城市流域重要组成部分，是径流汇集到某一管网节点的地表区域。汇水分区和区域的特征，如地形（坡度）、下垫面类型及形状等最终影响流域出口径流特征。LID 以分散的形式布置并作用在各个汇水分区和区域内，对汇水分区和区域的下垫面产生影响，使产汇流条件发生重要变化，进而影响流域出口径流特性。因此，不同汇水分区和区域下垫面变化具有不同的水文效应。

本书在汇水分区尺度上，以某建筑小区为例，在小区尺度上基于 SWMM 构建精细化数值模型，选择了 4 个典型汇水区域进行对比分析，研究下垫面变化的水文响应规律，旨在为海绵型建筑小区的设计提供依据。在城市区域尺度上，选择城市建成区，以问题为导向，分三个尺度对研究区域进行模拟分析，评估城市区域现状排水管网情况，针对不同尺度下排水管网排水能力的现状评估结果，诊断并分析排水能力不足的问题及成因，以期通过系统性的管网现状评估及优化方案，为国内其他城市建成区的海绵城市建设与管网排水能力的提升提供一套适用性的优化改造策略。

8.1 建筑小区汇水单元海绵改造水文响应及效果分析

8.1.1 建筑小区与数据

8.1.1.1 建筑小区选择

本书选择的海绵建筑小区占地面积约 5.1ha，共有 12 栋主要建筑，于 2001 年建成。小区透水面积占 22%，不透水面积占 78%。小区雨水就近排入道路两侧边沟，最终汇入末端唯一出水口，进入市政管道。小区内规划布设停车场透水铺装（3656.92m²）和部分道路透水铺装（3215.26m²）、植草沟（963.57m²）、渗渠（149.39m²）和下凹式绿地（1052m²）四种典型 LID 措施。绿色设施通过加设溢流口和溢流管等辅助设施排放超标雨水。

小区地形平坦，整体南高北低、东西高中部低，高程为 19.7～20.8m，坡度为 0.003%～

8.24％。多年平均气温 11.65℃，多年平均降水量 564mm，多年平均蒸发量 1308mm，月均蒸发量 38～189mm，降水量和蒸发量集中分布在 4—9 月。土壤以砂质和黏质粉土为主，地下水埋深为 7.0～7.4m。

8.1.1.2 数据资料

数据资料包括地形数据、管网数据以及 LID 设施结构数据等，其中地形和管网数据通过实测取得，LID 设施参数参考相关技术规范和模型手册取值，参数取值如下：下凹式绿地及植草沟的下凹深度分别为 300mm 和 200mm、植被覆盖率为 0.7、表面粗糙系数为 0.25、边坡比为 1：3、土壤层和蓄水层厚度均为 200mm、孔隙率为 0.5、渗透系数为 76mm/h，不作填料层；停车场和人行道透水铺装的表面粗糙系数为 0.14、表面铺装层厚度分别为 80mm 和 55mm，渗透系数取值为 360mm/h、孔隙率为 0.2、蓄水层厚度为 450mm、蓄水层渗透系数为 400mm/h、蓄水层孔隙率为 0.5；渗渠边石高度 50mm，植被覆盖率 0.7，表面粗糙系数 0.24，蓄水层厚度为 600mm，孔隙率为 0.5、渗透系数为 360mm/h。上述设施底部均布设导流盲管。

8.1.2 建筑小区尺度精细化模型构建

本书基于 SWMM 模型主要针对研究区水量和 LID 设施开展模拟和分析，重点选择 4 个典型汇水单元研究其水文变化规律。其中，入渗过程选择 Horton 下渗公式进行计算，管网汇流选用动力波进行模拟演算。

8.1.2.1 精细化模型构建

基于 SWMM 的小区排水精细化数值模型主要体现在汇水分区划分的精细化、LID 设施布局的精细化、管网模型的精细化三个方面。

1. 汇水分区划分的精细化

汇水分区划分常用的方法有泰森多边形法、地表高程图法以及组合前两种方法的手动划分法。为了减小模型模拟的结果与实际结果之间的误差，降低无实测径流资料地区模型的不确定性，结合实际情况以及规划目标和要求，考虑竖向设计，以 ArcGIS 软件为支持，选择手动划分汇水分区。小区集水尺度层面上，汇水分区以两种形式进行划分，首先根据排水条件，划分大的汇水分区，本文定义为汇水单元 S，然后在此基础上依据汇水单元内用地类型和竖向关系划分小汇水分区，本文定义为子汇水单元 FS，将 LID 设施、普通绿地、部分建筑屋面和道路单独作为一个子汇水单元，即小区内只有 0％ 和 100％ 两种不透水比例（％Imperv）的汇水区类型。

2. LID 设施布局的精细化

分析制作 LID 设施分布图，识别下垫面特征。模型 LID 设施布置与实际设施分布一致。小区 LID 设施分布图如图 8-1 所示。

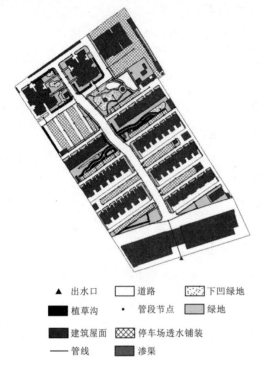

图 8-1 小区 LID 设施分布图

3. 管网模型的精细化

小区尺度下的管网不进行概化处理，根据排水管网的断面形状和类型、道路和设施排水情况布设管网节点。

根据上述原则，小区改造前共划分 15 个汇水单元，268 个子汇水单元，68 段管网，53 个节点，15 个出水口（与汇水单元对应）；改造后共划分 15 个汇水单元（与改造前一致），318 个子汇水单元，102 段管网，其中 27 段溢流管，87 个节点，15 个出水口。汇水单元面积为 1458～9845m²，同类型下垫面汇水单元面积分布较为均匀。改造后汇水分区本身发生了较大变化，尽管前后汇水分区个数不一致，但均是根据现场调研以及规划目标并按照实际情况划分汇水分区，更能真实反映前后变化特征。建筑小区模型概化示意图如图 8-2 所示。

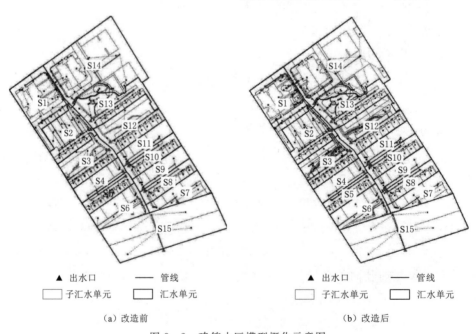

（a）改造前　　　　　　　　　　　　　　　　（b）改造后

图 8-2　建筑小区模型概化示意图

8.1.2.2　降雨输入

根据北京市暴雨强度公式，选择芝加哥雨型推求得到雨峰系数 $r=0.4$，降雨历时 $t=$

2h，重现期 $P=2a$、$P=3a$、$P=5a$、$P=10a$，降雨间隔为 1min 的设计降雨序列，降雨总量分别为 54.708mm、62.321mm、71.913mm、84.928mm，以此作为降雨的输入条件。

8.1.2.3 参数取值及合理性分析

SWMM 模型参数主要包括：①可通过实测获得几何参数；②参考模型手册或相关文献取值的率定参数。针对无实测径流资料的地区，率定参数的校准可借鉴以往研究提出的将径流系数作为校准目标的方法，以能够满足填洼和入渗、实现全流域产流的单峰雨型的设计降雨作为降雨输入，模拟计算的综合径流系数与参考《建筑与小区雨水控制及利用工程技术规范》（GB 50400—2016）计算的本地区综合径流系数对比，越接近，参数取值越合理。规范中指出的径流系数取值对应的重现期为 2 年左右，因此采用 $t=2h$、$P=2a$ 的降雨进行参数率定，以 $t=2h$、$P=3a$、$t=2h$、$P=5a$ 的降雨进行验证，同时与项目所在区域已有的研究成果对比表明取值合理，模型具有一定的可靠性。小区径流系数见表 8-1。综合径流系数模拟结果见表 8-2。模型的率定参数取值见表 8-3。

表 8-1   小 区 径 流 系 数

序号	下垫面类型	面积/m²	径流系数	序号	下垫面类型	面积/m²	径流系数
1	建筑屋面	17099	0.9	3	绿地	10895.2	0.15
2	硬化路面	22834.4	0.9	4	合计	50828.6	0.74

表 8-2   综合径流系数模拟结果

降雨重现期	综合径流系数模拟值	综合径流系数计算值	误差	降雨重现期	综合径流系数模拟值	综合径流系数计算值	误差
2a	0.76	0.74	2.7%	5a	0.80	0.74	8%
3a	0.79	0.74	6.8%				

表 8-3   模型的率定参数取值

参数类型	参数名称	物理意义	参数取值
率定参数	N-Imperv	不透水区域糙率	0.025
	N-Perv	透水区域糙率	0.12
	Dstore-Imperv/mm	不透水区域填洼量	2
	Dstore-Perv/mm	透水区域填洼量	10
	Max. Infil. Rat/(mm/h)	初始入渗率	76
	Min. Infil. Rate/(mm/h)	稳定入渗率	20
	Decay constant/(1/h)	渗透衰减系数	2.28
	Roughness	管道粗糙系数	0.017

8.1.2.4 典型汇水单元选择

综合考虑用地类型的相似性，选择了 4 个不同下垫面特征的典型汇水单元（S1、S2、S3、S5）用于研究和分析，典型汇水单元改造后下垫面属性见表 8-4。

表 8-4 典型汇水单元改造后下垫面属性

| 汇水单元 | 下垫面类型面积/m² | | | | | | 总面积/m² | 透水比例/% | LID 比例/% |
| | 透水 | | | | | 不透水 | | | |
	普通绿地	下凹绿地	植草沟	透水铺装	渗渠				
S1	685	302	224	300	0	2800	4311	35	19
S2	392	0	0	1311	20	1524	3247	53	41
S3	1369	69	231	388	12	1627	3696	56	19
S5	225	0	0	239	0	1000	1465	32	16

8.1.3 径流拦蓄效果分析

8.1.3.1 径流控制率分析

径流控制率是指不形成管网径流的水量占总降雨量的比值，计算公式为

$$R_T = \left(1 - \frac{R}{P}\right) \times 100\% \qquad (8-1)$$

式中 R_T——径流控制率，%；

R——径流深，mm；

P——降雨总量，mm。

表 8-5 给出了不同重现期降雨条件下各汇水单元改造后径流控制率计算结果。

表 8-5 典型汇水单元径流总量控制率

| 汇水单元 | 重 现 期/a | | | |
	2	3	5	10
S1	57.4%	55.0%	53.2%	50.7%
S2	57.7%	56.5%	55.4%	54.2%
S3	63.5%	60.1%	56.7%	53.0%
S5	44.1%	41.0%	37.9%	34.8%

径流控制率随重现期的增大而减小（表 8-5）。径流控制率在低重现期降雨下为 S3＞S2＞S1＞S5（如 $P=2a$），但在高重现期降雨下（如 $P=10a$）为 S2＞S3＞S1＞S5。分析原因是低重现期降雨时，雨量小，雨强小，渗透区以"蓄水"为主，主要表现为雨水下渗和措施填洼，此时，透水比例越大，径流控制率越大，透水面积占比为 S3＞

S2＞S1＞S5。重现期较大时，雨量大，雨强大，渗透区以"产流"为主，绿地和措施不能及时消纳的雨水快速填洼后形成管网径流，此时，下渗能力起关键作用，下渗能力越大，产流量越少，径流控制能力越强。下渗能力为透水铺装＞绿地措施＞普通绿地，模拟结果也表明，理想状态下透水铺装可有效应对 $P=5a$ 降雨几乎不产流，$P=10a$ 的降雨表面产流量显著低于其他措施，而 S2 渗透区主要为透水铺装，因此，在高重现期降雨下，径流控制率最大。

8.1.3.2　措施削减效果分析

不同重现期下典型汇水单元径流总量值削减率和径流峰值削减率如图 8-3 所示。LID 措施具有显著的削峰减洪效果，S2 对 LID 措施响应更为敏感，这与大面积铺设透水铺装有关，透水铺装占比接近 41%。

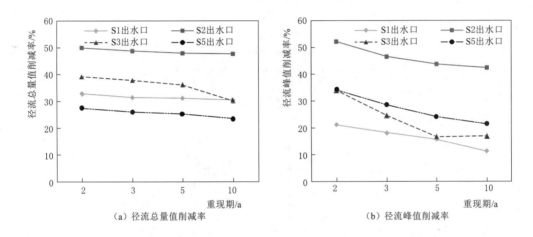

（a）径流总量值削减率　　　　　（b）径流峰值削减率

图 8-3　不同重现期下典型汇水单元径流总量值削减率和径流峰值削减率

对比 4 个汇水单元内主要 LID 类型可以看出，透水铺装对于削减峰值的效果明显优于其他海绵措施。经过海绵改造后各汇水单元出水口不同重现期降雨条件下径流峰值削减率和径流总量削减率分别为 S1，11.18%～21.11%、30.46%～32.89%；S2，42.47%～52.22%、47.72%～49.98%；S3，16.98%～34%、30.08%～39.17%；S5，21.43%～34.15%、23.58%～27.41%。在降雨条件相同的情况下，各汇水单元内海绵措施峰值削减效果为 S2＞S5＞S3＞S1；总量削减效果为 S2＞S3＞S1＞S5。S2 单元的透水铺装占比最大，S5 单元的透水铺装占比最小，S2 与 S5 相比洪峰削减率和洪量削减率分别增加了 18%～21% 和 22%～24%。

随着降雨重现期的增大，措施的径流削减效果呈衰减状态，但衰减幅度不同，峰值削减效果衰减较快。与 S1 相比，重现期对 S3 内措施效果影响更加显著，结合径流控制率分析，尽管 S1 内 LID 滞蓄容积（绿地措施下凹体积）比 S3 大，且 LID 比例相同，但整体削减效果最差，这可能是因为 S3 改造前后径流路径分别为"屋面—绿地—道路—管网""屋面/部分道路—绿地—措施—管网",S1 改造前径流路径为"部分屋面—道路—管网"和"部分屋面—部分绿地—管网",改造后为"屋面—部分绿地—部分绿地措施—管网"和"绿地—部分绿地措施—管网"。S1 内有近一半绿地措施仅接受周围普通绿地的径流,客水量较少,而 S3 径流路径变化较大,绿地措施服务范围更广,极大地发挥了措施调蓄雨水的作用。此外,由于客水来源较多,服务面积较大,加上措施容积的限制,因此,S3 内措施削减径流的效果衰减更快。在高重现期降雨情景下 S1 客水来源少,容积大的绿地措施才真正起到作用,径流量削减效果反而比 S3 好。

总体而言,透水铺装(S2、S5)以及能够接受更多客水的绿地等海绵措施(S3)相较于简单将绿地下凹(S1)对径流的影响更为显著。因此,在海绵城市建设中只注重扩大设施规模通常是低效的,竖向设计尤为重要,通过优化区域竖向关系实现更多的径流流经海绵设施,进而实现更高的径流总量控制目标。

8.1.3.3 径流贡献率分析

在分布式水文模型中,一般认为流域出口的出流过程是由每个离散单元的径流过程通过叠加计算得到,即离散单元对流域出流过程的贡献被假设为都是独立的。本书以径流贡献率指标反映各汇水单元径流量对流域总径流量的贡献程度,指标值越大表明该区域提供的产流量就越多。

$$R=\frac{W_S}{W_T}\times 100\%\qquad(8-2)$$

式中 R——径流总量贡献率;

W_S——汇水单元产生的径流总量;

W_T——全流域产生的径流总量。

分析典型汇水单元改造前后不同重现期降雨下径流贡献率统计结果,典型汇水单元径流量贡献率如图 8-4 所示。各典型汇水单元改造前后径流量贡献率均表现为 S1>

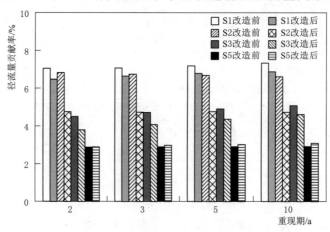

图 8-4 典型汇水单元径流量贡献率

S2＞S3＞S5，范围为 3％～7％。产流面积越大产流量越多，对流域径流总量的贡献率就越大，4 个典型汇水单元改造前后雨水直接进入管网的不透水区面积为 S1＞S2＞S3＞S5。从降雨条件变化来看，随着重现期的增加，汇水单元径流量贡献率变化规律不一致（如改造前 S1、S3、S5 增加，S2 减少），但变化幅度基本维持在 1％～3％的水平。各汇水单元内透水区均占一定比例，雨水在满足透水区下渗和填洼后，开始产流，产流面积随着重现期的增加而增大，产流面积增大，产流量增多，径流贡献率增加，而产流面积不发生较大变化的区域（如 S2 改造前几乎为不透水区域）会有降低的表现。

在汇水单元内布置 LID 设施能够减少径流量的贡献率，S1、S2 和 S3 在不同重现期降雨条件下贡献率分别减少了 0.45％～0.57％、1.89％～2.06％和 0.45％～0.7％。但这种作用却没有必然性，有的甚至会比改造前径流量贡献率要大（S5），这是由于改造后各汇水单元径流控制能力不一致导致的，说明其他汇水单元下垫面改变对径流影响更加显著，措施控制效果更为明显。

总之，基于构建的建筑小区精细化降雨径流模型，量化海绵措施对小区径流拦蓄效果。结果表明，径流控制率随降雨重现期的增大而减少，海绵措施具有显著的削峰减洪效果，其中，透水铺装等强渗透性海绵措施在高重现期降雨条件下的削峰作用明显，绿地等海绵措施则在低重现期降雨条件下的蓄渗效果更为明显。径流削减效果一方面受海绵设施规模的影响，同时还受到竖向条件的显著制约，一般接受客水越多的海绵措施其削减效果越明显，但受重现期影响更加显著，径流削减效果衰减较快。总体在汇水单元内布置海绵措施能够有效减少其对流域出口径流量贡献率。

8.2　城市区域排水管网评估及多尺度海绵城市分区改造策略

为评估城市区域现状排水管网情况并以问题为导向提出针对性的多尺度分区海绵城市建设与管网排水能力提升优化策略，以北京市东城区为例，构建基于 InfoWorks ICM 的城市综合流域排水模型，选用两场实测降雨分别进行参数率定及模型验证，结果表明模型具有较高的精度与可靠性。在此基础上，利用该模型对 1a、3a、5a 和 10a 四种不同设计重现期、历时 1h 降雨情景下的排水管网排水能力进行模拟，分三个尺度对研究区域进行模拟分析，针对不同尺度下排水管网排水能力的现状评估结果，诊断并分析排水能力不足的问题及成因，建立系统性的管网现状评估及优化方案。

8.2.1　东城区概况

东城区是历史文化名城中心区和首都功能核心区，地处北京市中心城区的东部。区域地理坐标为北纬 39°51′26″～39°58′22″，东经 116°22′17″～116°26′46″，总面积 41.84km²。东城区近 5 年平均降雨量为 637.6mm，局部高强度短历时降雨发生较为频繁，降雨主要集中在 6—8 月，占年降雨量的 75％以上。

东城区目前的排水体制主要为合流制
排水系统，区内排水管线建设时间较早，
排水管线设计标准较低，四合院等老住宅
区建设错综复杂，相对应的管线布设也极
为复杂。根据相关数据统计结果，东城区
排水管线总长共 854.47km，其中雨水管
线、合流管线和污水管线的长度分别为
286.88km、228.81km 和 338.78km，所
占比例分别为 33.6％、26.7％和 39.7％。
研究区域高度城市化，不透水下垫面比例
为 86％，通过国产高分一号卫星和高分二
号卫星共两套遥感影像数据进行北京城市
建成区下垫面解译，获取东城区用地类型
数据。研究区域位置及下垫面解译图如
图 8-5 所示。

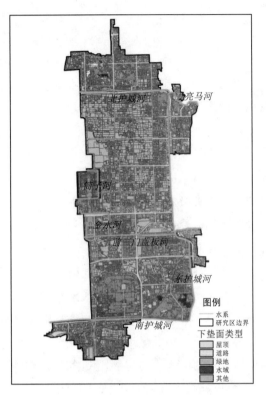

图 8-5　研究区域位置及下垫面解译图

8.2.2　东城区精细化排水模型构建

本书采用 InfoWorks ICM 城市综合流
域排水模型，东城区精细化城市排水管网
模型的构建主要包括基础数据资料的前期处理、排水单元划分、降雨产流模型构建、一
维管网汇流模型构建、二维河道模型构建及管网与河道模型的耦合。

基于管网数据构建管网汇流模型，在排水管线资料基础上，依据实地调研情况梳理
管线，以主干道路排水管线为主，进行拓扑检查和纵断面检查，确保管线上下游连接、
高程分布、埋深以及坡度等方面的合理性和准确性。概化后的模型节点共 14545 个（其中
含排水口 51 个），管线共 14558 条，管线总长 481.6km，其中雨水管线 210.2km、雨污
合流 134.8km、污水管线 136.6km，管径为 0.3～5.6m，雨水排水泵站 7 座，溢流堰 17
个，河道两条及概化的盖板河两条。根据管网材质和实际运行状况，管网曼宁系数选取
0.04。综合考虑东城区排水管网的汇流情况、控制范围和土地利用资料等信息，划分出
55 个排水分区，并基于泰森多边形法计算排水分区内各检查井的汇水范围，依据研究区
的 DEM、卫星遥感图和实地调研情况进行调整，最终共划分 10410 个子汇水区。

根据下垫面数据信息，将研究区土地利用类型分为屋面、道路、绿地、水域、其他
五类，利用地理空间数据提取每个子集水区下垫面面积，以真实反映每个子集水区的下
垫面降雨入渗产流条件。研究区城市排水模型构建如图 8-6 所示。数据资料及来源见

表 8-6。

参考相关文献、模型用户手册和实地监测数据选择研究区域的管网模型参数。产流模型中对于不透水下垫面"屋顶"和"道路",采用固定径流系数法;对于透水下垫面"绿地"和"其他",采用 Horton 公式进行降雨的入渗过程计算。汇流计算采用非线性水库模型,依据《城镇雨水系统规划设计暴雨径流计算标准》(DB11/T 969—2017),考虑最不利因素确定最初模型参数,依据实测场次降雨—流量数据率定参数,研究区产流参数见表 8-7。选择 2018 年 8 月 12 日场次降雨(古观象台雨量站降雨数据)和同时间广渠门南雨水排口的流量监测数据进行参数率定,经计算本场次降雨调参后的纳什系数 NES 为 0.759,相关系数 $R^2 = 0.881$。

选取 2018 年 8 月 13 日场次降雨对率定后的模型进行验证。经计算,本场次降雨的

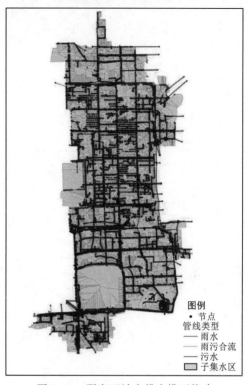

图例
• 节点
管线类型
—— 雨水
—— 雨污合流
—— 污水
□ 子集水区

图 8-6 研究区城市排水模型构建

纳什系数 NES 为 0.762,相关系数 $R^2 = 0.817$,拟合效果较好,满足模型使用要求。研究区 8 月 12—13 日场次降雨模拟与实测流量对比图如图 8-7 所示。

表 8-6   数 据 资 料 及 来 源

分 类 名 称	数据时效性	数据内容	数 据 精 度
基础地理信息	2010	全市地类斑块	矢量数据,1:10000
	2011	基础地形	栅格数据,1:2000
	2011	DEM 数据	栅格数据,30m 分辨率
	2013	航空影像图	栅格数据,0.5m 分辨率
排水设施信息	2018	排水管线	矢量数据,482km
	2018	节点	矢量数据,14545 个
	2018	排水口	矢量数据,51 个
水文气象数据/ 排口流量实测数据	2018	降雨过程	2018.8.12 场次,数据记录步长为 5min
	2018	降雨过程	2018.8.13 场次,数据记录步长为 5min
	2018	实测流量数据	2018.8.12—8.13 场次降雨广渠门南雨水排口流量过程,数据记录步长为 15min

表 8-7   研 究 区 产 流 参 数

产流表面	径流量类型	固定径流系数	初期损失值 /m	Horton 初渗率 /(mm/h)	Horton 稳渗率 /(mm/h)	Horton 衰减率 /(1/h)
屋顶	Fixed	0.8	0.001	—	—	—
道路	Fixed	0.85	0.002	—	—	—
绿地	Horton	—	0.005	200	12.7	2
其他	Horton	—	0.005	125	6.3	2
水域	Fixed	0	—	—	—	—

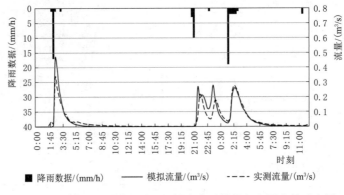

图 8-7   研究区 8 月 12—13 日场次降雨模拟与实测流量对比图

模拟 2018 年 8 月 12—13 日场次降雨的内涝积水情况，根据研究区域的内涝积水调研情况，模拟结果中的内涝积水点位置与调研结果较为一致，本场降雨造成内涝积水较为严重的区域主要集中在部分地势低洼的下凹桥处，统计 8 月 12—13 日场次降雨主要内涝点的最大模拟水深与调研水深。研究区 8 月 12—13 日场次降雨内涝积水点模拟与调研结果统计对比见表 8-8。由表 8-8 可知，模型模拟的易涝点位置及积水深度与实际调查结果较为一致，从而验证了模型的可靠性。

表 8-8   研究区 8 月 12—13 日场次降雨内涝积水点模拟与调研结果统计对比

内涝点位置	最大调研水深 /cm	最大模拟水深 /cm	误差 /cm	内涝点位置	最大调研水深 /cm	最大模拟水深 /cm	误差 /cm
陶然桥西	20	25	5	东直门北桥	20	21.8	1.8
东便门铁路桥	20	26.5	6.5	安定门桥	10	12.8	2.8
东直门桥南	15	10.2	4.8				

8.2.3 现状管网排水能力评估

依据海绵城市建设效果评估的尺度划分标准，并结合不同尺度区域的管网特征，从城市、地块和道路三个尺度对现状管网排水能力进行分析。城市尺度通常指一个城市区域或行政区域等所具有一致管理主体的区域，城市尺度的管网排水能力评估代表此区域整体的排水能力状况，将为城市排水总体规划提供现状排水情况的诊断结果；地块尺度的排水能力评估通常指以区域土地用途为划分指标，以区域功能性的差异划分为住宅区、商业区等代表性分区，针对每个功能分区进行的管网排水能力评估结果将为各分区提供针对性的管网提标与海绵改造方案参考；位于城市道路处的管网通常是一个排水分区的主干管道，汇水面积较大，且下凹桥等内涝积水频发点多分布于城市主干道路上，因此道路尺度的排水能力评估对以下凹桥等为代表的低洼积水点等内涝问题的解决有极大的现实意义。

InfoWorks ICM 中评估管网的超负荷状情况采用负荷度来表示，管道的负荷度是指管道内水流的充满度，本文选取 3 个负荷状态阈值（0.5、1、2），管网负荷度取值释义见表 8-9。基于东城区排水管网模型的降雨产汇流模拟结果，可得到每条管线在汇流过程中最大的负荷度，通过统计 1a、3a、5a 和 10a 四种重现期降雨情景下每条管线的超负荷情况，计算得到每条管线的现状排水能力。

表 8-9   管网负荷度取值释义

负　荷　度	是否超负荷	释　　　义	超负荷原因
0.5（<1）	否	管道内水深为管道深度的 50%	—
1	是	水力坡度小于管道坡度	由于下游管道过流能力限制
2	是	水力坡度大于管道坡度	由于管道本身过流能力限制

8.2.3.1　城市尺度现状管网排水能力评估

城市排水管道负荷较大会造成排水不畅，下游管道超负荷会导致所连上游检查井积水，严重时会引发检查井积水溢流。排水管网负荷情况汇总表见表 8-10，1a、3a、5a 和 10a 降雨重现期情景下超负荷排水管线的长度比例分别为 52%、62%、65% 和 72%，其中 52% 长度的排水管线在小重现期降雨情景下（1a）就已超负荷。超负荷管线中由于下游过流能力不足造成满载运行（负荷度＝1）的管道比例分别为 35%、37%、37% 和 39%，由于自身过流能力不足造成满载运行（负荷度＝2）的管道比例分别为 17%、25%、28% 和 33%。通过对各重现期降雨情境下管道负荷情况的分析、计算和汇总，得出排水管网现状排水能力见表 8-11，不足 1 年一遇的管线长度比例为 52%，1～3 年一遇、3～5 年一遇、5～10 年一遇和 10 年一遇的管线长度占比分别为 10%、4%、6% 和 29%。

对于随降雨重现期的增加负荷度明显增加的超负荷管线，从空间分布角度分析，随降雨重现期增大，增加的超负荷管线多集中分布于城市支路、地块功能区内部及主干管线的汇流支线处；从管线性质角度分析，增加的超负荷管线雨污合流与雨水管线段数所占比例分别为 45.3% 和 54.7%。从研究区整体来看，大面积的超负荷管线主要分布于故宫

表 8 - 10 　　　　　　　　　　　　　　　　排水管网负荷情况汇总表

1a 重现期设计降雨

序 号	负荷度	长度/m	比 例	段数/段	比 例
1	<1	164685.8	48%	4840	46%
2	1	120838.9	35%	3909	37%
3	2	59553.7	17%	1760	17%
合 计		345078.4	100%	10509	100%

3a 重现期设计降雨

序 号	负荷度	长度/m	比 例	段数/段	比 例
1	<1	130935.6	38%	3811	36%
2	1	127507.2	37%	4176	40%
3	2	86635.6	25%	2522	24%
合 计		345078.4	100%	10509	100%

5a 重现期设计降雨

序 号	负荷度	长度/m	比 例	段数/段	比 例
1	<1	120586.8	35%	3497	33%
2	1	127504.2	37%	4213	40%
3	2	96987.4	28%	2799	27%
合 计		345078.4	100%	10509	100%

10a 重现期设计降雨

序 号	负荷度	长度/m	比 例	段数/段	比 例
1	<1	99362.1	29%	2855	27%
2	1	133142	39%	4443	42%
3	2	112574.3	32%	3211	31%
合 计		345078.4	100%	10509	100%

表 8 - 11 　　　　　　　　　　　　　　　　排水管网现状排水能力汇总表

管网标准	长度/m	比 例	段数/段	比 例
不足 1 年一遇	180392.6	52%	5669	54%
1~3 年一遇	33750.2	10%	1029	10%
3~5 年一遇	12096.4	4%	357	3%
5~10 年一遇	19477.1	5%	599	6%
超过 10 年一遇	99362.1	29%	2855	27%
合 计	345078.4	100%	10509	100%

博物院以东，东长安街、建国门内大街以北，朝阳门内大街以西及北护城河以南的区域，此区域相对于研究区其他区域不透水下垫面比例较大、绿化面积较小，排泄通道主要为东护城河盖板河、前三门盖板河、筒子河、金水河等内部河道。此外，此块区域四合

院、北京胡同等传统的建筑和街道较为集中，商业区和住宅区建设年份较早，因此管道排水能力设计标准偏低也是此块区域管网负荷情况严重的一个重要原因。而对于前三门盖板河以南、南护城河以北的区域，天坛及龙潭湖占据了此块区域近一半的面积，大面积的水体和绿化对地表径流有极大的消纳作用，因此会减小周边地区排水管网的排水压力。

8.2.3.2 地块尺度现状管网排水能力评估

选取东护城河沿岸的一个面积为 1.934km² 的闭合排水分区作为地块尺度的代表研究区域，区域内降雨径流经排水管网汇流至雨水排口，向东排入东护城河。依据用地功能的不同，将研究区划分为公园绿地、商业区、商务行政办公区及居民住宅区四类功能分区，从地块功能性角度分析其现状管网排水能力。

研究区（地块）功能分区及管网排水能力图如图 8-8 所示。由图 8-8 可知，研究区内所占面积最大的居民住宅区内管网的排水能力普遍在 5～10 年一遇及以上，而商业区中超过半数管线的排水能力不足 1 年一遇，商务行政办公区中位于道路主干道沿线的排水管线排水能力多在 1～3 年一遇及以下，公园绿地周边的管网排水能力均在 5 年一遇及以上。由此可得，四种功能分区的管线整体排水能力由大到小排序为：公园绿地≥居民住宅区＞商务行政办公＞商业区。地块功能性的差异决定了地块绿化面积、建筑物密度、人口密度等因素具有一定的差异性，如居民住宅区相对于商业区，建筑密度和人口密度均较小，绿化面积较大，因此居民住宅区的地表曼宁系数相对较大，产流量相对较少且雨水汇流时间较长，造成检查井溢流和管道超负荷情况的压力也较小。

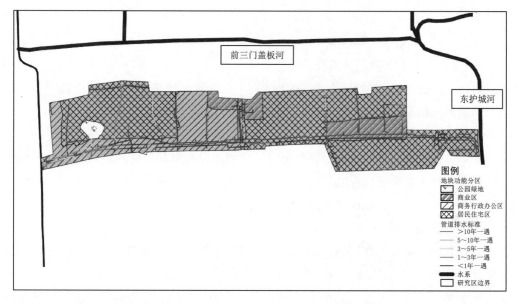

图 8-8 研究区（地块）功能分区及管网排水能力图

8.2.3.3 道路尺度现状管网排水能力评估

依据《城市道路工程设计规范》（CJJ 37—2012）划分的研究区域主次干道，对沿城市主次干道布设的排水管线进行排水能力评估。主次干道管网排水能力汇总表见表8-12。由表8-12可知，不足1年一遇的管线长度比例为39%，10年一遇管线长度比例为40%，1~3年一遇、3~5年一遇和5~10年一遇的管线长度占比分别为9%、4%和7%。从管网内部构造、管线性质及管线分布下垫面情况的角度分析，排水能力较低的主次干道管线的管径多为0.8~1.5m，管线多为雨污合流制排水系统，周边地区建筑物密集，下垫面硬化程度较高，多为老旧住宅区及商业区，人口密度大，日产污水量相对较高。较低的管网设计标准以及合流管网中日污水量占据了一定的管道排水体积和较高的硬化下垫面比例，阻断了自然降雨入渗过程，因此，管网的排水能力无法满足高强度和高降雨量暴雨的排水需求，为城市内涝问题的出现增加了极大的隐患；而排水能力在10年一遇以上管线管径多为1.5~5.6m，且多为雨水管网系统，周边有天坛、龙潭湖公园、青年湖公园等公园绿地能够对暴雨进行较为充分的消纳。

表8-12　　　　　　　　　　　主次干道管网排水能力汇总表

管网标准	长度/m	比例	段数/段	比例
不足1年一遇	55883	38%	1557	38%
1~3年一遇	13046.7	9%	360	9%
3~5年一遇	5736.4	4%	165	4%
5~10年一遇	10548.5	7%	293	7%
超过10年一遇	61131.4	42%	1600	42%
合计	146346	100%	3975	100%

8.2.3.4 管网排水能力问题识别及成因分析

针对研究区管网现状排水能力的评估结果，对研究区域管网排水能力不足的问题进行分类诊断及成因分析。导致研究区域管线排水能力不足的原因可归结为以下方面：

1. 管网设计标准低

由于研究区域为城市老城区，管网规划设计和建设时间早，管网设计标准低。此外，老城区的雨水排水管网多以合流制为主，雨污合流在雨天污水会占据一定管网过流能力，因此合流制排水系统也是造成排水能力不达标的重要原因。

2. 局部管网结构不合理

在现状管网负荷情况评估结果中，在不同重现期降雨情景下有35%~39%长度比例的管线负荷度为1，即此部分管线超负荷的原因是下游管道过流能力的限制而超负荷，除上游节点收纳的地表径流量或峰值较大之外，是由空间、成本和地形因素限制的设计排水管径较小、管线坡度较小或负坡现象的存在所导致的。

3. 不透水下垫面比例大

由于老城区高度城市化，建筑物密集，不透水下垫面比例较大。北护城河以南、前三门盖板河以北区域，不透水比例明显高于东城区平均水平，因此，区域的管网排水能力普遍在 1 年一遇以下。反之，前三门盖板河以南、南护城河以北区域有大块的绿地面积，龙潭湖公园的水域和绿地对其所在的排水分区具有极大的地表径流量消纳作用，且增加了地面糙率系数，减小了地表径流汇流到检查井的汇流速度，有利于减缓峰高量大的城市管网降雨产汇流过程的特点。同理，对于故宫、天坛等园林式古代建筑区，现状管网排水能力普遍在 5 年一遇甚至 10 年一遇以上，这与较大的自然透水下垫面面积比等因素密不可分。

4. 河水水位顶托及河水倒灌

由于研究区地势相对平坦，管网设计较早，未充分考虑竖向设计，且研究区内河道多为早期人工沟渠或盖板河，因此市政排口的底高程较低、河道断面面积较小等因素是导致在暴雨情景下河道水位顶托市政管线排水甚至引起河水倒灌的重要原因。

8.2.4 问题导向性多尺度分区海绵城市改造方案制定

由于研究区是已建区中典型老城区的代表，在海绵城市建设过程中进行大面积的管网翻新或者建设排水深邃等措施需要具备一定的空间、成本等方面的条件。此外，大规模的工程性改造将会对社会和环境产生巨大影响，因此考虑到成本效益关系等多种因素的制约，在充分分析现状、识别问题和进行可行性分析的基础上，从城市整体、地块功能分区、道路等三个尺度出发，有针对性地提出适用于老城区的分区改造方案，以解决老城区的排水能力不足和内涝积水问题。

8.2.4.1 城市尺度改造方案

针对区域大面积排水管线排水能力不足的问题，基于研究区管网排水能力评估结果，结合研究区实际易涝点分布情况，在其周边适宜位置建设地下调蓄池或者建设雨水排水泵站。若周边空间、环境等条件不允许，可就近选取人口、建筑密度低，如公园绿地等较为自然的区域修建调蓄池。

针对局部管线排水能力不足的问题，从管线自身工程改造角度出发，进行管线局部结构性改造：①对于负荷度为 1 的管线，可在其下游节点处设置溢流堰，减小下游管线排水流量；②对于负荷度为 2 的管线，可通过管网提标工程改造，如增大管径、增设双排管等；③对于存在管道坡度负坡现象的管线，可依据实际情况进行竖向规划改造。

8.2.4.2 地块功能分区尺度改造方案

依据不同功能分区管网排水能力评估结果，在超负荷管线周边进行分区源头海绵设施的改造。①对于居民住宅区，可将花坛、绿地改造成下凹绿地或雨水花园，建筑物屋顶进行绿色屋顶的改造，此外，如透水铺装、生物滞留池等海绵设施也可因地制宜地布设；②对于商业区、商务行政办公区，整体管网排水能力较差，绿化面积增设空间有限，鼓励分散式的绿地和小型雨水花园建设，以及建筑物屋顶进行绿色屋顶的改造，切断产汇流路径增加地表曼宁系数；③对于公园绿地，则应注重竖向设计及对受纳水体的充分利用，在水文地质条件允许的区域增加入渗，绿地区域可进行生物滞留槽、雨水花园等绿色海绵设施的改建。

8.2.4.3 道路尺度改造方案

依据研究区主次干道管网排水能力评估结果，针对超负荷的城市主次干道沿线排水管线，在空间和经济基础允许的条件下，可通过建设双排管、地下调蓄通道、或扩充管径等工程性措施，道路两侧适当增建植被浅沟等措施，增加雨水的源头入渗截流能力，以提高道路沿线管线的排水能力。

8.3 本章小结

汇水分区是流域重要组成部分，汇水分区下垫面变化是影响全流域水文变化的重要因素。以北京市某海绵建筑小区为例，通过构建 SWMM 精细化模型，选择 4 个典型不同下垫面特征汇水单元（S1、S2、S3 和 S5），模拟分析了各汇水单元经海绵改造后不同重现期降雨情景下径流总量控制率、措施削减效果以及对全小区径流量贡献率变化规律。结果表明：经海绵改造后径流控制率在低重现期降雨条件下为 S3＞S2＞S1＞S5，但在高重现期降雨条件下为 S2＞S3＞S1＞S5；低影响开发（Low Impact Development，LID）措施效果显著，透水铺装削减洪峰的效果优于其他 LID 措施；改变径流路径，接受更多客水的绿地措施（S3）相较于简单将绿地下凹（S1）对径流的影响更为显著，效果更加明显；汇水单元径流量贡献率随降雨重现期增大增加（S1、S3、S5）或减少（S2），在汇水单元内布置 LID 措施能够削减其对流域出口径流量贡献率，其中 S1、S2 和 S3 在不同重现期降雨条件下贡献率分别减少了 0.45％～0.57％、1.89％～2.06％和 0.45％～0.7％。

为评估已建区现状排水管网情况并以问题为导向提出针对性的多尺度分区管网排水能力提升优化与海绵城市建设策略，以北京市东城区为例，构建基于 InfoWorks ICM 的城市综合流域排水模型，选用两场实测降雨分别进行参数率定及模型验证，结果表明模型具有较高的精度和可靠性。在此基础上，利用该模型对 1a、3a、5a 和 10a 四种不同设计重现期、历时 1h 降雨情景下的排水管网排水能力进行模拟，分三个尺度对研究区域模拟结果分析如下：①城市尺度的管网排水能力不足 1 年一遇、1～3 年一遇、3～5 年一遇、5～10 年一遇和 10 年一遇的管线长度比例分别为 52％、10％、4％、6％和 29％；②地块尺度功能分区排水能力大小：公园绿地≥居民小区＞商务行政办公区＞商业区；③道路尺度：主次干道管线排水能力不足 1 年一遇、1～3 年一遇、3～5 年一遇、5～10 年一遇和超过 10 年一遇的管线长度比例分别为 38％、9％、4％、7％和 42％。针对不同尺度下排水管网排水能力的现状评估结果，诊断并分析排水能力不足的问题及成因，以期通过系统性的管网现状评估及优化方案，为国内其他老城区的管网排水能力提升提供一套适用性的优化改造策略。

参　考　文　献

［1］　王文亮，李俊奇，车伍，等. 海绵城市建设指南解读之城市径流总量控制指标［J］. 中国给水排水，2015，31（8）：18-23.

［2］　李俊奇，王文亮，车伍，等. 海绵城市建设指南解读之降雨径流总量控制目标区域划分［J］. 中国给水排水，2015，31（8）：6-12.

［3］　车伍，赵杨，李俊奇，等. 海绵城市建设指南解读之基本概念与综合目标［J］. 中国给水排水，2015，31（8）：1-5.

［4］　张建云，王银堂，胡庆芳，等. 海绵城市建设有关问题讨论［J］. 水科学进展，2016，27（6）：793-799.

［5］　左其亭. 我国海绵城市建设中的水科学难题［J］. 水资源保护，2016，32（4）：21-26.

［6］　王浩，梅超，刘家宏. 海绵城市系统构建模式［J］. 水利学报，2017，48（9）：1009-1014，1022.

［7］　夏军，石卫，王强，等. 海绵城市建设中若干水文学问题的研讨［J］. 水资源保护，2017，33（1）：1-8.

［8］　Xia Jun，Zhang Yongyong，Xiong Lihua，et al. Opportunities and challenges of the Sponge City construction related to urban water issues in China［J］. Science China Earth Sciences，2017，60（4）：652-658.

［9］　刘昌明，王恺文. 城镇水生态文明建设低影响发展模式与对策探讨［J］. 中国水利，2016a，（19）：1-4.

［10］　刘昌明，张永勇，王中根，等. 维护良性水循环的城镇化LID模式：海绵城市规划方法与技术初步探讨［J］. 自然资源学报，2016b，31（5）：719-731.

［11］　徐宗学，程涛. 城市水管理与海绵城市建设之理论基础—城市水文学研究进展［J］. 水利学报. 2019，50（1）：53-61.

［12］　刘伟东，尤焕苓，任国玉，等. 北京地区自动站降水特征的聚类分析［J］. 气象，2014，40（7）：844-851.

［13］　徐光来，许有鹏，徐宏亮. 城市化水文效应研究进展［J］. 自然资源学报，2010，25（12）：2171-2178.

［14］　周长艳，岑思弦，李跃清，等. 四川省近50年降水的变化特征及影响［J］. 地理学报，2011，66（5）：619-630.

［15］　张建云，王银堂，贺瑞敏，等. 中国城市洪涝问题及成因分析［J］. 水科学进展，2016，27（4）：485-491.

［16］　Lotte d V，Hidde L，Aart O，et al. The potential of urban rainfall monitoring with crowdsourced automatic weather stations in Amsterdam［J］. Hydrology and Earth System Sciences，2017，21（2）：765-777.

［17］　孙艳伟，王文川，魏晓妹，等. 城市化生态水文效应［J］. 水科学进展，2012，23（4）：569-574.

［18］　桑燕芳，王中根，刘昌明. 小波分析方法在水文学研究中的应用现状及展望［J］. 地理科学进展，2013，32（9）：1413-1422.

［19］　Bi E G，Gachon P，Vrac M，et al. Which downscaled rainfall data for climate change impact studies in urban areas? Review of current approaches and trends [J]. Theoretical and Applied Climatology, 2017, 127 (3-4): 685-699.

[20] Willems P, Arnbjerg - Nielsen K, Olsson J, et al. Climate change impact assessment on urban rainfall extremes and urban drainage: Methods and shortcomings [J]. Atmospheric research, 2012, 103: 106-118.

[21] Miller J D, Hutchins M. The impacts of urbanisation and climate change on urban flooding and urban water quality: A review of the evidence concerning the United Kingdom [J]. Journal of Hydrology: Regional Studies, 2017, 12: 345-362.

[22] 杨默远, 潘兴瑶, 刘洪禄, 等. 考虑场次降雨年际变化特征的年径流总量控制率准确核算 [J]. 水利学报, 2019, 50 (12): 1510-1517, 1528.

[23] Yang Y Y, Toor G S. Sources and mechanisms of nitrate and orthophosphate transport in urban stormwater runoff from residential catchments [J]. Water Research, 2017, 112: 176-184.

[24] 仇付国, 陈丽霞. 雨水生物滞留系统控制径流污染物研究进展 [J]. 环境工程学报, 2016, 10 (4): 1593-1602.

[25] 葛德, 张守红. 不同降雨条件下植被对绿色屋顶径流调控效益影响 [J]. 环境科学, 2018, 39 (11): 5015-5023.

[26] 郭娉婷, 王建龙, 杨丽琼, 等. 生物滞留介质类型对径流雨水净化效果的影响 [J]. 环境科学与技术, 2016, 39 (3): 60-67.

[27] 李家科, 刘增超, 黄宁俊, 等. 低影响开发 (LID) 生物滞留技术研究进展 [J]. 干旱区研究, 2014, 31 (3): 431-439.

[28] 孟莹莹, 王会肖, 张书函, 等. 基于生物滞留的城市道路雨水滞蓄净化效果试验研究 [J]. 北京师范大学学报 (自然科学版), 2013, 49 (Z1): 286-291.

[29] 王书敏, 李兴扬, 张峻华, 等. 城市区域绿色屋顶普及对水量水质的影响 [J]. 应用生态学报, 2014, 25 (7): 2026-2032.

[30] 侯培强, 王效科, 郑飞翔, 等. 我国城市面源污染特征的研究现状 [J]. 给水排水, 2009, 35 (S1): 188-193.

[31] 张千千, 李向全, 王效科, 等. 城市路面降雨径流污染特征及源解析的研究进展 [J]. 生态环境学报, 2014, 23 (2): 352-358.

[32] 张志彬, 孟庆宇, 马征. 城市面源污染的污染特征研究 [J]. 给水排水, 2016, 52 (S1): 163-167.

[33] 刘昌明, 王中根, 杨胜天, 等. 地表物质能量交换过程中的水循环综合模拟系统 (HIMS) 研究进展 [J]. 地理学报, 2014, 69 (5): 579-587.

[34] 郭会敏, 樊贵盛. 有压入渗条件下土壤结构与相对稳定入渗率间的关系研究 [J]. 灌溉排水学报, 2009, 28 (6): 104-106.

[35] 李红星, 樊贵盛. 影响非饱和土渠床入渗能力主导因素的试验研究 [J]. 水利学报, 2009, 40 (5): 630-634.

[36] 李红星, 樊贵盛. 非饱和土壤有压和无压入渗稳定入渗率间的关系研究 [J]. 灌溉排水学报, 2010, 29 (2): 17-21.

[37] Chen L, Xiang L, Young M H, et al. Optimal parameters for the Green - Ampt infiltration model under rainfall conditions [J]. Journal of Hydrology and Hydromechanics, 2015, 63 (2): 93-101.

[38] 王全九, 邵明安, 汪志荣, 等. Green - Ampt 公式在层状土入渗模拟计算中的应用 [J]. 土壤侵蚀与水土保持学报, 1999, 5 (4): 66-70.

[39] Chu X, Mariño M A. Determination of ponding condition and infiltration into layered soils under unsteady rainfall [J]. Journal of Hydrology, 2005, 313 (3-4): 195-207.

169

［40］ Mohammadzadeh‐Habili J，Heidarpour M. Application of the green‐ampt modelfor infiltration into layered soils［J］. Journal of Hydrology，2015，527：824‐832.

［41］ Gohardoust M R，Sadeghi M，Ahmadi M Z，et al. Hydraulic conductivity of stratified unsaturated soils：Effects of random variability and layering［J］. Journal of hydrology，2017，546：81‐89.

［42］ 熊丁晖，刘苏峡，莫兴国. 土壤垂向分层和均匀处理下水分差异的数值探讨［J］. 中国生态农业学报，2018，26（4）：593‐603.

［43］ 杨默远，张书函，潘兴瑶. 绿色屋顶径流减控效果的监测分析［J］. 中国给水排水，2019，35（15）：134‐138.

［44］ 王倩，张琼华，王晓昌. 国内典型城市降雨径流初期累积特征分析［J］. 中国环境科学，2015，35（6）：1719‐1725.

［45］ 张文婷，王铭泽，宋丹阳，等. 降雨径流过程的非点源污染时空动态分布研究［J］. 环境科学与技术，2015，38（10）：153‐160.

［46］ Johnson J P，Hunt W F. A Retrospective comparison of water quality treatment in a bioretention cell 16 years following initial analysis［J］. Sustainability，2019，11（7）：1945.

［47］ Cording A，Hurley S，Whitney D. Monitoring methods and designs for evaluating bioretention performance［J］. Journal of Environmental Engineering，2017，143（12）：05017006.

［48］ 高峰，蔺欢欢，邓红卫. 强降雨条件下非均匀介质污染物运移数值模拟［J］. 环境科学与技术，2017，40（11）：59‐66.

［49］ 胡伟贤，何文华，黄国如，等. 城市雨洪模拟技术研究进展［J］. 水科学进展，2010，21（1）：137‐144.

［50］ 王彤，丁祥，蔡甜，等. 水力演算方法对 SWMM 模型排放口出流的影响［J］. 中国给水排水，2018，34（15）：133‐138.

［51］ 付博文，金鹏康，石山，等. 西安市污水管网中沉积物特性研究［J］. 中国给水排水，2018，34（17）：119‐122，127.

［52］ 干里里. 城市雨水径流污染控制与排水管道缺损状况量化评价研究［D］. 北京：清华大学，2012.

［53］ 王芮，李智，刘玉菲，等. 基于 SWMM 的城市排水系统改造优化研究［J］. 水利水电技术，2018，49（1）：60‐69.

［54］ 董鲁燕，赵冬泉，刘小梅，等. 基于监测和模拟技术的排水管网性能评估体系［J］. 中国给水排水，2014，30（17）：150‐154.

［55］ 郭效琛，李萌，史晓雨，等. 基于在线监测的排水管网事故预警技术研究与应用［J］. 中国给水排水，2018，34（19）：139‐143.

［56］ 周云峰. SWMM 排水管网模型灵敏参数识别与多目标优化率定研究［D］. 杭州：浙江大学，2018.

［57］ 吕恒，倪广恒，田富强. 排水管网结构概化对城市暴雨洪水模拟的影响［J］. 水力发电学报，2018，37（11）：97‐106.

［58］ 王家彪，赵建世，沈子寅，等. 关于海绵城市两种降雨控制模式的讨论［J］. 水利学报，2017，48（12）：1490‐1498.

［59］ 李俊奇，林翔. 极端降雨事件对雨水年径流总量控制率和 24h 降雨场次控制率的影响规律探析［J］. 给水排水，2018，54（1）：21‐26.

［60］ 张宇航，杨默远，潘兴瑶，等. 降雨场次划分方法对降雨控制率的影响分析［J］. 中国给水排水，2019，35（13）：122‐127.

［61］ Jiang Y，Zevenbergen C，Ma Y. Urban pluvial flooding and stormwater management：A contemporary review of China's challenges and "sponge cities" strategy［J］. Environmental Science & Policy，2018，80：132‐143.

［62］ Liu J，Shao W，Xiang C，et al. Uncertainties of urban flood modeling：Influence of parameters for different underlying surfaces ［J］. Environmental Research，2020，182：108929.

［63］ Mei C，Liu J，Wang H，et al. Integrated assessments of green infrastructure for flood mitigation to support robust decision－making for sponge city construction in an urbanized watershe ［J］. Science of the Total Environment，2018，639：1394－1407.

［64］ 王文亮，王二松，贾楠，等. 基于模型模拟的合流制溢流调蓄与处理设施规模设计方法探讨 ［J］. 给水排水，2018，54（10）：31－34.

［65］ 赵泽坤，车伍，赵杨，等. 中美合流制溢流污染控制概要比较 ［J］. 给水排水，2018a，54（11）：128－134.

［66］ 赵泽坤，车伍，赵杨，等. 美国合流制溢流污染控制灰绿设施结合的经验 ［J］. 中国给水排水，2018b，34（20）：36－41.

［67］ Taghipour M，Tolouei S，Autixier L，et al. Normalized dynamic behavior of combined sewer overflow discharges for source water characterization and management ［J］. Journal of Environmental Management，2019，249：109386.

［68］ Mailhot A，Talbot G，Lavallée B. Relationships between rainfall and Combined Sewer Overflow (CSO) occurrences ［J］. Journal of Hydrology，2015，523：602－609.

［69］ Vivoni E R，Moreno H A，Mascaro G，et al. Observed relation between evapotranspiration and soil moisture in the north american monsoon region ［J］. Geophysical Research Letters，2008，35（22）：659－662.

［70］ Wadzuk B M，Hickman Jr J M，Traver R G. Understanding the role of evapotranspiration in bioretention：Mesocosm study ［J］. Journal of Sustainable Water in the Built Environment，2015，1（2）：04014002.

［71］ Brown R A，Borst M. Quantifying evaporation in a permeable pavement system ［J］. Hydrological Processes，2015，29（9）：2100－2111.

［72］ 肖荣波，欧阳志云，李伟峰，等. 城市热岛的生态环境效应 ［J］. 生态学报，2005，25（8）：2055－2060.

［73］ Mao X，Jia H，Shaw L Y. Assessing the ecological benefits of aggregate LID－BMPs through modelling ［J］. Ecological modelling，2017，353：139－149.

［74］ 李定强，刘嘉华，袁再健，等. 城市低影响开发面源污染治理措施研究进展与展望 ［J］. 生态环境学报，2019，28（10）：2110－2118.

［75］ 赵银兵，蔡婷婷，孙然好，等. 海绵城市研究进展综述：从水文过程到生态恢复 ［J］. 生态学报，2019，39（13）：4638－4646.

［76］ 胡庆芳，王银堂，李伶杰，等. 水生态文明城市与海绵城市的初步比较 ［J］. 水资源保护，2017，33（5）：13－18.

［77］ 李兰，李锋. "海绵城市"建设的关键科学问题与思考 ［J］. 生态学报，2018，38（7）：2599－2606.

［78］ 滕彦国，左锐，苏小四，等. 区域地下水环境风险评价技术方法 ［J］. 环境科学研究，2014，27（12）：1532－1539.

［79］ 王兴超. 地下水库在海绵城市建设中的应用 ［J］. 水利水电科技进展，2018，38（1）：83－87.

［80］ 周栋. 海绵城市建设中地层特性与蓄排水功能的相互关系研究 ［D］. 北京：北京科技大学，2017.

［81］ 李美玉，张守红，王玉杰，等. 透水铺装径流调控效益研究进展 ［J］. 环境科学与技术，2018，41（12）：105－112，130.

［82］ 王兴桦，侯精明，李丙尧，等. 多孔透水砖下渗衰减规律试验研究 ［J］. 给水排水，2019，55（S1）：68－71.

［83］ 赵远玲，王建龙，李璐菡，等. 不同类型透水砖对雨水径流水量的控制效果 ［J］. 环境工程学报，2020，14（3）：835－841.

［84］ 高晓丽，张书函，肖娟，等. 雨水生物滞留设施中填料的研究进展 ［J］. 中国给水排水，2015，31（20）：17－21.

［85］ 黄静岩，李俊奇，宫永伟，等. 道路生物滞留带削减雨水径流的实测效果研究 ［J］. 中国给水排水，2017，33（11）：120－127.

［86］ 李家科，张兆鑫，蒋春博，等. 海绵城市生物滞留设施关键技术研究进展 ［J］. 水资源保护，2020，36（1）：1－8，17.

［87］ 王浩，梅超，刘家宏. 海绵城市系统构建模式 ［J］. 水利学报，2017，48（9）：1009－1014，1022.

［88］ 杨默远，刘昌明，潘兴瑶，等. 基于水循环视角的海绵城市系统及研究要点解析 ［J］. 地理学报，2020，75（9）：1831－1844.

［89］ 苏胜奇，卢家成，李嘉鹏，等. 再生细骨料对蓄水层渗蓄性能的影响 ［J］. 材料导报，2019，33（S2）：226－228.

［90］ 林宏军，王建龙，赵梦圆，等. 倒置生物滞留技术水量水质控制效果研究 ［J］. 水利水电技术，2019，50（6）：11－17.

［91］ 卢珊珊，张辉，吴菲，等. 北京地区植被屋面不同厚度下景天植物组合研究 ［J］. 中国农学通报，2018，34（16）：57－64.

［92］ 夏俊. 校园建设中的"海绵城市"施工关键技术研究 ［J］. 建筑施工，2019，41（9）：1725－1727.

［93］ 马燕，白淑媛，梁芳. 北京城市屋顶绿化佛甲草养护管理技术 ［J］. 草业科学，2009，26（7）：158－164.

［94］ Guo J C Y, Urbonas B, Mackenzie K. Water Quality Capture Volume for Storm Water BMP and LID Designs ［J］. Journal of Hydrologic Engineering, 2014, 19（4）：682－686.

［95］ 彭媛媛. 我国东南城市水环境特征解析与综合整治指导方案研究 ［D］. 北京：北京林业大学，2020.

［96］ 赵廷红，矫娇. 关于绿色屋顶影响因素的研究 ［J］. 给水排水，2020，56（S1）：858－862.

［97］ 马英，马邕文，万金泉. 东莞不同下垫面降雨径流污染输移规律研究 ［J］. 中国环境科学，2011，31（12）：1983－1990.

［98］ Gong Y, Yin D, Li J, et al. Performance assessment of extensive green roof runoff flow and quality control capacity based on pilot experiments ［J］. Science of the Total Environment, 2019, 687：505－515.

［99］ Bradley R D. Green roofs as a means of pollution abatement ［J］. Environmental pollution (Barking, Essex : 1987), 2011, 159（8－9）：2100－2110.

［100］ 许秀泉. 黄土区微型蓄雨设施水体水质变化及对饮水安全影响 ［D］. 北京：中国科学院研究生院（教育部水土保持与生态环境研究中心），2014.

［101］ Czemiel B J, Tobias E, Lars B. The influence of extensive vegetated roofs on runoff water quality ［J］. The Science of the total environment, 2006, 355（1－3）：48－63.

［102］ 曾巧楠. 不同绿化类型对住宅小区夏季温湿度环境影响研究 ［D］. 杭州：浙江农林大学，2016.

［103］ 郑治斌，崔新强，廖移山. 我国霾研究进展及公共安全影响应对 ［J］. 沙漠与绿洲气象，2019，13（4）：135－143.

［104］ 冯驰. 佛甲草植被屋顶能量平衡研究 ［D］. 广州：华南理工大学，2011.

［105］ 敖宇强. 气候变化下江西地区建筑能耗演化规律研究 ［D］. 南昌：南昌大学，2019.

［106］ 吕婧玮，齐增湘，周敏. 湘南传统村落空间形态与夏季风热环境的关系研究 ［J］. 中外建筑，

2021 (2): 116 - 120.

[107] 袁林旺，刘泽纯，陈晔. 柴达木盆地自然伽玛曲线记录的古气候变化对太阳辐射响应关系的对比研究 [J]. 冰川冻土，2004 (3): 298 - 304.

[108] 陈兵，刘金祥，王雨. 渝湛高速公路边坡四种植物冬春两季光合生理生态变化 [J]. 广东公路交通，2007 (4): 36 - 40.

[109] Schulze E D. Whole - Plant Responses to Drought [J]. Functional Plant Biology, 1986, 13 (1): 127 - 141.

[110] 刘鑫，卢桂宾，刘和. 枣树蒸腾速率变化与气象因子的关系 [J]. 经济林研究，2011, 29 (2): 65 - 71.

[111] Arora V K. Application of a rice growth and water balance model in an irrigated semi - arid subtropical environment [J]. Agricultural Water Management, 2005, 83 (1): 51 - 57.

[112] 赵雅洁. 喀斯特土壤厚度和水分减少对混种后两种不同根系类型草本生长生理和竞争的影响 [D]. 重庆：西南大学，2018.

[113] Parizotto S, Lamberts R. Investigation of green roof thermal performance in temperate climate: A case study of an experimental building in Florianópolis city, Southern Brazil [J]. Energy & Buildings, 2011, 43 (7): 1717 - 1722.

[114] 郑馨竺，周嘉欣，王灿. 绿色屋顶的城市降温与建筑节能效果研究 [J]. 生态经济，2021, 37 (2): 222 - 229.

[115] 孟兆江，段爱旺，王景雷. 调亏灌溉对冬小麦不同生育阶段水分蒸散的影响 [J]. 水土保持学报，2014, 28 (1): 198 - 202.

[116] 张正红. 调亏灌溉对设施葡萄生长及光合指标影响研究 [D]. 兰州：甘肃农业大学，2013.

[117] 赵沛. 基于 SWMM 的低影响开发措施对径流的调控作用模拟研究 [D]. 保定：河北农业大学，2018.

[118] 张胜杰，宫永伟，李俊奇. 暴雨管理模型 SWMM 水文参数的敏感性分析案例研究 [J]. 北京建筑工程学院学报，2012, 28 (1): 45 - 48.

[119] Barbosa A E, Fernandes J N, David L M. Key issues for sustainable urban stormwater management [J]. Water research, 2012, 46 (20): 6787 - 6798.

[120] Chen X, Zhou W, Pickett S, et al. Spatial - temporal variations of water quality and its relationship to land use and land cover in Beijing, China [J]. International journal of environmental research and public health, 2016, 13 (5): 449.

[121] Edwin D O, Zhang X L, Yu T. Current status of agricultural and rural non - point source pollution assessment in China [J]. Environmental Pollution, 2010, 158 (5): 1159 - 1168.

[122] 郑一，王学军. 非点源污染研究的进展与展望 [J]. 水科学进展，2002, 13 (1): 105 - 110.

[123] Miller W L, Everett H W. Economic impact of controlling nonpoint pollution in hardwood forestland [J]. American Journal of Agricultural Economics, 1975, 57 (4): 576 - 583.

[124] Lee G F, Jones - Lee A. Are real water quality problems being addressed by current structural best management practices [J]. Public Works, 1995, 126 (1): 54 - 56.

[125] Francey M, Fletcher T D, Deletic A, et al. New insights into the quality of urban storm water in South Eastern Australia [J]. Journal of Environmental Engineering, 2010, 136 (4): 381 - 390.

[126] Gregoire B G, Clausen J C. Effect of a modular extensive green roof on stormwater runoff and water quality [J]. Ecological Engineering, 2011, 37 (6): 963 - 969.

[127] Kaushal S S, Groffman P M, Band L E, et al. Tracking nonpoint source nitrogen pollution in human - impacted watersheds [J]. Environmental science & technology, 2011, 45 (19): 8225 - 8232.

[128] Rissman A R，Carpenter S R. Progress on nonpoint pollution：barriers & opportunities [J]. Daedalus，2015，144（3）：35-47.

[129] 李春林，胡远满，刘淼，等. 城市非点源污染研究进展 [J]. 生态学杂志，2013，32（2）：492-500.

[130] 代丹，于涛，雷坤，等. 北京市清河水体非点源污染特征 [J]. 环境科学研究，2018，31（6）：1068-1077.

[131] 鲍全盛，王华东. 我国水环境非点源污染研究与展望 [J]. 地理科学，1996，16（1）：11-16.

[132] 夏青. 城市径流污染系统分析 [J]. 环境科学学报，1982，2（4）：271-278.

[133] 欧阳威，刘迎春，冷思文，等. 近三十年非点源污染研究发展趋势分析 [J]. 农业环境科学学报，2018，37（10）：2234-2241.

[134] 刘庄，晁建颖，张丽，等. 中国非点源污染负荷计算研究现状与存在问题 [J]. 水科学进展，2015，26（3）：432-442.

[135] Leon L F，Soulis E D，Kouwen N，et al. Nonpoint source pollution：a distributed water quality modeling approach [J]. Water Research，2001，35（4）：997-1007.

[136] 贺瑞敏，张建云，陆桂华. 我国非点源污染研究进展与发展趋势 [J]. 水文，2005，25（4）：10-13.

[137] 孙金华，朱乾德，颜志俊，等. AGNPS 系列模型研究与应用综述 [J]. 水科学进展，2009，20（6）：876-884.

[138] 侯培强，王效科，郑飞翔，等. 我国城市面源污染特征的研究现状 [J]. 给水排水，2009，45（S1）：188-193.

[139] 张千千，李向全，王效科，等. 城市路面降雨径流污染特征及源解析的研究进展 [J]. 生态环境学报，2014，23（2）：352-358.

[140] 张志彬，孟庆宇，马征. 城市面源污染的污染特征研究 [J]. 给水排水，2016，52（S1）：163-167.

[141] 李定强，刘嘉华，袁再健，等. 城市低影响开发面源污染治理措施研究进展与展望 [J]. 生态环境学报，2019，28（10）：2110-2118.

[142] 曹宏宇，黄申斌，李娟英，等. 上海临港新城初期地表径流污染特性与初期效应研究 [J]. 水资源与水工程学报，2011，22（6）：66-71.

[143] 常静，刘敏，许世远，等. 上海城市降雨径流污染时空分布与初始冲刷效应 [J]. 地理研究，2006，25（6）：994-1002.

[144] 车伍，刘燕，李俊奇. 北京城区面源污染特征及其控制对策 [J]. 北京建筑工程学院学报，2002，17（4）：5-9.

[145] 车伍，欧岚，汪慧贞，等. 北京城区雨水径流水质及其主要影响因素 [J]. 环境工程学报，2002，3（1）：33-37.

[146] 车伍，张炜，李俊奇，等. 城市雨水径流污染的初期弃流控制 [J]. 中国给水排水，2007，23（6）：1-5.

[147] 陈海丰，王新刚，盛建国，等. 镇江市城区降雨径流水质分析 [J]. 环境保护科学，2012，38（5）：22-25，49.

[148] 陈伟伟，宋静茹，吴玉磊. 新乡市城区屋面非点源污染负荷分析 [J]. 中国农村水利水电，2015，8：78-80.

[149] 丁程程，刘健. 中国城市面源污染现状及其影响因素 [J]. 中国人口·资源与环境，2011，21（S1）：86-89.

[150] 董雯，李怀恩，李家科. 城市雨水径流水质演变过程监测与分析 [J]. 环境科学，2013，34（2）：561-569.

[151] 冯萃敏，米楠，王晓彤，等. 基于雨型的南方城市道路雨水径流污染物分析 [J]. 生态环境学

报，2015，24 （3）：418 - 426.

[152] 宫曼莉，左俊杰，任心欣，等. 透水路面—生物滞留池组合道路的城市面源污染控制效果评估 [J]. 环境科学，2018，39 （9）：4096 - 4104.

[153] 郭婧，马琳，史鑫源，等. 北京城市道路降雨径流监测与分析 [J]. 环境化学，2011，30 （10）：1814 - 1815.

[154] 郭宇，陈伟伟. 城镇化屋面雨水径流污染物变化特征研究 [J]. 水利与建筑工程学报，2018，16 （2）：221 - 225.

[155] 韩冰，王效科，欧阳志云. 北京市城市非点源污染特征的研究 [J]. 中国环境监测，2005，21 （6）：63 - 65.

[156] 郝丽岭，张千千，王效科，等，重庆市不同材质路面径流污染特征分析 [J]. 环境科学学报，2012，32 （7）：1662 - 1669.

[157] 何梦男，张劲，陈诚，等. 上海市淀北片降雨径流过程污染时空特性分析 [J]. 环境科学学报，2018，38 （2）：536 - 545.

[158] 何茜. 海绵城市雨洪控制中雨水径流水质变化规律分析 [J]. 科学技术与工程，2017，17 （5）：321 - 325.

[159] 侯立柱，丁跃元，冯绍元，等. 北京城区不同下垫面的雨水径流水质比较 [J]. 中国给水排水，2006，22 （23）：35 - 38.

[160] 侯培强，任玉芬，王效科，等. 北京市城市降雨径流水质评价研究 [J]. 环境科学，2012，33 （1）：71 - 75.

[161] 华蕾，邹本东，鹿海峰，等. 北京市城市屋面径流特征研究 [J]. 中国环境监测，2012，28 （5）：109 - 115.

[162] 黄国如，曾家俊，吴海春，等. 广州市典型社区单元面源污染初期冲刷效应 [J]. 水资源保护，2018，34 （1）：8 - 15，17.

[163] 黄金良，杜鹏飞，欧志丹，等. 澳门城市路面地表径流特征分析 [J]. 中国环境科学，2006，26 （4）：469 - 473.

[164] 黄群贤，刘红梅，李海燕，等. 石家庄市多年降水分析及雨水利用研究 [J]. 河北科技大学学报，2006，27 （4）：332 - 336.

[165] 纪桂霞，王平香，邱卫国. 上海市屋面雨水水质监测与处理利用方法研究 [J]. 上海理工大学学报，2006，28 （6）：594 - 598.

[166] 蒋沂孜，刘安，刘梁，等. 华南地区城市道路雨水径流对降雨特征的响应机制——以深圳市为例 [J]. 环境工程，2013，31 （S1）：303 - 306.

[167] 荆红卫，华蕾，陈圆圆，等. 城市雨水管网降雨径流污染特征及对受纳水体水质的影响 [J]. 环境化学，2012，31 （2）：208 - 215.

[168] 荆红卫，华蕾，郭婧，等. 北京市水环境非点源污染监测与负荷估算研究 [J]. 中国环境监测，2012，28 （6）：106 - 111.

[169] 来雪慧，赵金安，李丹，等. 太原市工业区不同下垫面降雨径流污染特征 [J]. 水土保持通报，2015，35 （6）：97 - 100，105.

[170] 李春林，刘淼，胡远满，等. 沈阳市降雨径流污染物排放特征 [J]. 生态学杂志，2014，33 （05）：1327 - 1336.

[171] 李飞鹏，贾玉宝，陆佳丽，等. 高架道路降雨径流水质的污染控制试验研究 [J]. 中国给水排水，2016，32 （19）：142 - 146.

[172] 李国斌，王焰新，程胜高. 基于暴雨径流过程监测的非点源污染负荷定量研究 [J]. 环境保护，2002，5：46 - 48.

[173] 李海燕，徐尚玲，黄延，等. 合流制排水管道雨季出流污染负荷研究 [J]. 环境科学学报，

2013, 33 (9): 2522 - 2530.

[174] 李贺, 张雪, 高海鹰, 等. 高速公路路面雨水径流污染特征分析 [J]. 中国环境科学, 2008, 28 (11): 1037 - 1041.

[175] 李立青, 尹澄清, 何庆慈, 等. 武汉市城区降雨径流污染负荷对受纳水体的贡献 [J]. 中国环境科学, 2007, 27 (3): 312 - 316.

[176] 李立青, 尹澄清, 孔玲莉, 等. 2次降雨间隔时间对城市地表径流污染负荷的影响 [J]. 环境科学, 2007, 28 (10): 2287 - 2293.

[177] 李立青, 尹澄清. 雨、污合流制城区降雨径流污染的迁移转化过程与来源研究 [J]. 环境科学, 2009, 30 (2): 368 - 375.

[178] 李立青, 朱仁肖, 郭树刚, 等. 基于源区监测的城市地表径流污染空间分异性研究 [J]. 环境科学, 2010, 31 (12): 2896 - 2904.

[179] 李青云, 田秀君, 魏孜, 等. 北京典型村镇降雨径流污染及排放特征 [J]. 给水排水, 2011, 47 (7): 136 - 140.

[180] 李思远, 管运涛, 陈俊, 等. 苏南地区合流制管网溢流污水水质特征分析 [J]. 给水排水, 2015, 51 (S1): 344 - 348.

[181] 鹿海峰, 华蕾, 王浩正, 等. 城市合流制管网降雨径流污染特征分析 [J]. 中国环境监测, 2012, 28 (6): 94 - 99.

[182] 罗鸿兵, 刘瑞芬, 邓云, 等. 绿色屋顶径流水质监测研究进展 [J]. 环境监测管理与技术, 2012, 24 (3): 12 - 17, 55.

[183] 任玉芬, 王效科, 韩冰, 等. 城市不同下垫面的降雨径流污染 [J]. 生态学报, 2005, 25 (12): 3225 - 3230.

[184] 任玉芬, 王效科, 欧阳志云, 等. 北京城市典型下垫面降雨径流污染初始冲刷效应分析 [J]. 环境科学, 2013, 34 (1): 373 - 378.

[185] 汪楚乔, 陈柔君, 吴磊, 等. 宜兴典型村落不同下垫面降雨径流污染物排放特征 [J]. 生态与农村环境学报, 2016, 32 (4): 632 - 638.

[186] 王婧, 荆红卫, 王浩正, 等. 北京市城区降雨径流污染特征监测与分析 [J]. 给水排水, 2011, 47 (S1): 135 - 139.

[187] 王军霞, 罗彬, 陈敏敏, 等. 城市面源污染特征及排放负荷研究——以内江市为例 [J]. 生态环境学报, 2014, 23 (1): 151 - 156.

[188] 王显海, 来庆云, 杜靖宇, 等. 宁波市城区不同下垫面降雨径流水质特征分析 [J]. 环境工程, 2016, 34 (S1): 312 - 316.

[189] 谢雨杉, 刘敏. 城市非点源污染特征及控制管理 [J]. 环境保护, 2008, 22: 18 - 20.

[190] 杨逢乐, 赵磊. 合流制排水系统降雨径流污染物特征及初期冲刷效应 [J]. 生态环境, 2007, 16 (6): 1627 - 1632.

[191] 杨龙, 孙长虹, 王永刚, 等. 城市面源污染负荷动态更新体系构建研究 [J]. 环境保护科学, 2015, 41 (2): 63 - 66.

[192] 叶闽, 杨国胜, 张万顺, 等. 城市面源污染特性及污染负荷预测模型研究 [J]. 环境科学与技术, 2006, 29 (2): 67 - 69.

[193] 张娜, 赵乐军, 李铁龙, 等. 天津城区道路雨水径流水质监测及污染特征分析 [J]. 生态环境学报, 2009, 18 (6): 2127 - 2131.

[194] 张香丽, 赵志杰, 秦华鹏, 等. 常州市不同下垫面污染物冲刷特征 [J]. 北京大学学报 (自然科学版), 2018, 54 (3): 644 - 654.

[195] 张亚东, 车伍, 刘燕, 等. 北京城区道路雨水径流污染指标相关性分析 [J]. 城市环境与城市生态, 2003, 16 (6): 182 - 184.

[196] 赵建伟，单保庆，尹澄清. 城市旅游区降雨径流污染特征——以武汉动物园为例 [J]. 环境科学学报，2006，26 (7)：1062 - 1067.

[197] 赵磊，杨逢乐，王俊松，等. 合流制排水系统降雨径流污染物的特性及来源 [J]. 环境科学学报，2008，28 (8)：1561 - 1570.

[198] 周冰，张千千，缪丽萍，等. 不同使用年限沥青屋面降雨径流特征研究 [J]. 环境科学与技术，2016，39 (S1)：236 - 242.

[199] 卓慕宁，吴志峰，王继增，等. 珠海城区降雨径流污染特征初步研究 [J]. 土壤学报，2003，40 (5)：775 - 778.

[200] 章林伟. 中国海绵城市建设与实践 [J]. 给水排水. 2018，54 (11)：1 - 5.

[201] 杨一夫. 厦门海绵城市建设的冷静思考 [J]. 中国给水排水. 2017，33 (2)：27 - 30.

[202] 胡云进，应鹏，部会彩. 不同类型透水铺装基层结构对雨水径流量控制效果研究 [J]. 中国农村水利水电. 2021 (6)：69 - 72.

[203] 张国庆. 下凹式绿地对雨水径流的控制效果研究 [J]. 城市道桥与防洪. 2021 (6)：154 - 156.

[204] 杨松文，陈铁，周志鹏，等. 海绵城市径流指标评估监测网络的构建方法 [J]. 环境工程学报. 2020，14 (11)：3225 - 3233.

[205] 李文静，冷娟，狄彦强，等. 既有城市住区海绵化改造监测方法研究 [J]. 城市建筑. 2019，16 (29)：12 - 13，16.

[206] 郭效琛，赵冬泉，崔松，等. 海绵城市"源头—过程—末端"在线监测体系构建——以青岛市李沧区海绵试点区为例 [J]. 给水排水，2018，54 (8)：24 - 28.

[207] 黄初冬，李丹君，陈前虎，等. 海绵城市建设缓解热岛的效应与机理——以浙江省嘉兴市为例 [J]. 生态学杂志. 2020，39 (2)：625 - 634.

[208] 刘增超，李家科，蒋丹烈. 基于 URI 指数的海绵城市热岛效应评价方法构建与应用 [J]. 水资源与水工程学报，2018，29 (4)：53 - 58.

[209] 朱玲，由阳，程鹏飞，等. 海绵建设模式对城市热岛缓解效果研究 [J]. 给水排水. 2018，54 (1)：65 - 69.

[210] 任玉芬，王效科，韩冰，等. 城市不同下垫面的降雨径流污染 [J]. 生态学报，2005 (12)：3225 - 3230.

[211] 杨会珠，徐曼，王建国. 城市环境空气质量自动监测优化布点研究 [J]. 价值工程，2017，36 (23)：9 - 10.

[212] 庄红波，高瑞泉，饶华炎. 城市内涝监测技术的应用研究 [J]. 气象科技，2013，41 (2)：378 - 383.

[213] 张宇，王莉芸，刘伦，等. 海绵城市常用监测设备选择及应用研究 [J]. 给水排水. 2020，56 (S1)：374 - 378.

[214] 吴艳霞，杜海霞，吴慧芳，等. 生物滞留设施对城市面源污染控制的研究进展 [J]. 净水技术，2019，38 (11)：61 - 68.

[215] 李佳，谢文霞，姜智绘，等. 海绵城市地块汇水区颗粒污染物的传输 [J]. 环境科学，2020，41 (9)：4113 - 4123.

[216] 贺文彦，谢文霞，赵敏华，等. 海绵城市试点区域内面源污染发生过程及其对水体污染负荷贡献评估 [J]. 环境科学学报，2018，38 (4)：1586 - 1597.

[217] 王泽阳，关天胜，吴连丰. 基于效果评价的海绵城市监测体系构建——以厦门海绵城市试点区为例 [J]. 给水排水，2018，54 (3)：23 - 27.

[218] 李俊奇，孙瑶，李小静，等. 海绵城市径流雨水水质监测研究 [J]. 给水排水，2021，57 (6)：68 - 74.

[219] Shaun M M，James A K，Gordon，J P Urban Runoff. Quality Characterization and Load Estima-

tion in Saskatoon, Canada [J]. Journal of Environmental Engineering, 2006, 132 (11): 1470 - 1481.

[220] 马瑾瑾, 陈星, 许钦. 海绵城市建设中雨水资源利用潜力评价研究 [J]. 水资源与水工程学报, 2019, 30 (1): 27 - 32, 39.

[221] 黄静岩, 李俊奇, 宫永伟, 等. 道路生物滞留带削减雨水径流的实测效果研究 [J]. 中国给水排水, 2017, 33 (11): 120 - 127.

[222] 李俊生, 尹海伟, 孔繁花, 等. 绿色屋顶雨洪调控能力与效益评价 [J]. 环境科学, 2019, 40 (4): 1803 - 1810.

[223] 强小飞, 孙梦, 梁浩, 等. 海绵社区综合实施效能的评价研究——以青岛案例海绵社区为例 [J]. 环境与可持续发展, 2020, 45 (2): 100 - 103.

[224] 王贵南, 周飞祥. 建筑小区类项目海绵城市建设效果评价研究 [J]. 给水排水, 2020, 56 (12): 88 - 92.

[225] 何婷婷, 李晓光, 李国文, 等. 海绵城市建设技术对地下水污染的影响评价 [J]. 水电能源科学, 2020, 38 (11): 58 - 61, 21.

[226] 刘小梅, 吴思远, 云海兰, 等. 水力模型在排水防涝规划体系中的应用 [J]. 中国给水排水, 2017, 33 (11): 133 - 138.

[227] 庞璇, 张永勇, 潘兴瑶, 等. 城市雨洪模拟与年径流总量控制目标评估——以北京市未来科技城为例 [J]. 资源科学, 2019, 41 (4): 803 - 813.

[228] 刘海娇, 于磊, 薛丽娟, 等. 基于 PCSWMM 的老校区 LID 设施模拟 [J]. 中国给水排水, 2016, 32 (23): 143 - 146.

[229] 王文亮, 李俊奇, 宫永伟, 等. 基于 SWMM 模型的低影响开发雨洪控制效果模拟 [J]. 中国给水排水, 2012, 28 (21): 42 - 44.

[230] 王滢, 周小伟. Info Works ICM 在山地丘陵城市内涝治理中的应用 [J]. 中国给水排水, 2018, 34 (19): 118 - 123.

[231] 言铭, 魏忠庆, 黄永捷, 等. 汇水区划分对 InfoWorks ICM 水力模拟结果的影响 [J]. 中国给水排水, 2019, 35 (1): 111 - 117.

[232] 李建勇. Infoworks ICM 在城市排水系统分析中的应用 [J]. 中国给水排水, 2014, 30 (8): 21 - 24.

[233] 汉京超. 应用 InfoWorks ICM 软件优化排水系统提标方案 [J]. 中国给水排水, 2014, 30 (11): 34 - 38.

[234] 魏忠庆, 黄永捷, 林兰娜, 等. InfoWorks ICM 在排水管网问题诊断及改造中的应用 [J]. 中国给水排水, 2017, 33 (23): 115 - 119.

[235] 王辉, 张留璨. 基于 InfoWorks ICM 的已建排水系统海绵改造研究 [J]. 城市道桥与防洪, 2016, 19 (7): 170 - 172.